Linux 操作系统环境下

C语言程序设计

◎ 王继业／主编

◎ 耿照新 张灵倩／副主编

U0345492

中央民族大学出版社

China Minzu University Press

图书在版编目（CIP）数据

Linux 操作系统环境下 C 语言程序设计/ 王继业主编. —北京：中央民族大学出版社，2009.7（2018.1重印）

ISBN 978-7-81108-702-4

Ⅰ. 系…　Ⅱ. 王…　Ⅲ.C 语言—程序设计

Ⅳ.TP312

中国版本图书馆CIP 数据核字（2009）第 103595 号

Linux 操作系统环境下 C 语言程序设计

主　　编　王继业

责任编辑　戴苏芽

封面设计　李志彬

出 版 者　中央民族大学出版社

　　　　　北京市海淀区中关村南大街 27 号　邮编：100081

　　　　　电话：68472815（发行部）传真：68932751（发行部）

　　　　　　　　68932218（总编室）　　　　68932447（办公室）

发 行 者　全国各地新华书店

印 刷 厂　北京宏伟双华印刷有限公司

开　　本　787×1092（毫米）1/16　印张：17.5

字　　数　385 千字

版　　次　2009 年 7 月第 1 版　2018 年 1 月第 2 次印刷

书　　号　ISBN 978-7-81108-702-4

定　　价　68.00 元

前　　言

本书为编者在中央民族大学为电子工程、通信工程、应用物理和光信息科学与技术等专业开设的"Linux 程序设计"选修课的教材。从 2004 年开始，编者为上述专业的本科生开设 Linux 程序设计课程，首要的原因是，上述专业中，计算机的爱好者众多，而 Linux 在计算机爱好者中逐步流行起来。另外的原因包括，Linux 操作系统在上述专业中，具有巨大的专业价值。对于物理类专业来说，Linux 优秀的性能和与 UNIX 的兼容，使得其对于计算和数值模拟是一个难得的平台环境；而对于电子类专业来说，由于 Linux 的开源，使得 Linux 成为有价值的嵌入式操作系统的待选者，从而在电子信息行业中得到较广泛应用。

正是基于上面的理由，编者在教学过程中，主要讲述在这个 Linux 操作系统环境下如何编写应用程序，而不顾及内核层次的问题。因为内核层次的问题，往往是更专业一些的计算机工程师应该考虑的问题，作为 Linux 操作系统的用户，电子和物理类专业的人，只是一个系统平台的使用者和应用程序的编制者。尤其是电子专业的学生，将来很可能成为嵌入式系统环境下的一名应用程序设计人员，而多数嵌入式系统环境，一般更有一些像 Linux 系统而非 Windows。当然 Wince 是一个例外，因为它是 Windows。

有的学生可能会进入更软一些的行业，直接和 Linux 内核或其他系统内核打交道。这也没关系，我们的课程为应用程序设计打下了良好的基础，这对内核的理解也是有好处的，很难设想一个应用程序都设计不好的人，可以从事操作系统内核的相关设计工作，比如设计驱动程序。因为这些程序更关键，一旦出现问题，往往导致系统的不稳定，甚至死机等故障，是比应用程序更重要的代码。

作为一本本科教材，本书的作用首先就是教学，因此编者考虑教学应用的方便，在不同的章节中配置了大量代码供参考，并有相当数量的思考题，编制了上机实践课程题目。这些都是为本科教学方便而设计，同时对一般读者也具有相当参考价值。

本书除了用于本科教学外，同样可以为该领域工作的工程技术人员、其他想转入该领域工作的工程师以及 Linux 程序设计的爱好者提供帮助，也是一本非常有益的参考读物。

本书由三位编者编写，分工如下：Linux 操作部分，主要包括第 1-4 章，由耿照新编写；图形界面设计和附录等由张灵倩编写；其余由王继业编写，并完成统稿和总体调整。

编者首先感谢使用过本书（那时还只是一本讲义）的中央民族大学的学生，他们通过实践验证了上机题目的可行性。同时感谢自然科学青年基金"TC-1 和 Cluster 卫星的联合观测：近地磁尾尾向流对亚暴膨胀项触发的影响"，正是为该项目的工作使编者对 Linux 系统有了更多的应用和更深入的认识。

本书大部分示例均为编者自行编写和取自于编者的工程实践，极少的部分来自网络，掠美之处，不便一一指出，敬请谅解。

目　录

3

第一章　什么是 Linux

1.1 Linux 的历史

Linux 的历史虽然不长，但是它的思想源头 UNIX 却有着悠久的历史，而 Linux 秉承了 UNIX 的所有思想和优点，某种程度上也继承了 UNIX 的历史。下面详细介绍 Linux 的历史。

1.1.1　Linux 的诞生

Linux 是一种 UNIX 操作系统的克隆，它（的内核）由 Linus Torvalds 以及网络上组织松散的黑客队伍一起从零开始编写而成。

在上个世纪 90 年代，由于计算机硬件工业的发展，以 intel 的 x86 系统架构的个人计算机大行其道，80386 及以上的处理器不仅具有优良的性能，而且具备运行现代操作系统所具备的硬件条件。但在此时，人们使用的大多还是旧而且不能发挥更大硬件功效的 DOS 等操作系统。此时，有个芬兰赫尔辛基大学（Helsinki）的学生 Linus Torvalds 做了件不寻常的事情，Linus 手边有个 Minix 操作系统（Unix 为了教学目的的分支），他对这个操作系统相当的有兴趣。他开始为自己的新硬件写了一些 Minix 上的驱动程序，并希望能够被 Minix 的作者允许加入到发行中去。但他很失望地被告知，原作者希望保持 Minix 的纯洁性，因此他想，何不自己写一个类 UNIX 的操作系统，使它支持新的硬件呢？他就很有心地研读 Unix 的核心，并且去除较为繁复的核心程序，将它改写成适用于一般个人计算机的 x86 系统上面。到了 1991 年，他终于将 0.02 版的 hobby 放到网络上面供大家下载，并且由于 hobby 受到大家的肯定，相当多的朋友一起投入这个工作中，终于到了 1994 年将第一个完整的核心 Version 1.0 发布到互联网上。由于 Linux kernel 的发展是由网络上的"虚拟团队"所完成的，大家都是通过网络取得 Linux 的核心原始码，经由自己精心改造后再回传给 Linux 社群，进而一步一步地发展完成完整的 Linux 系统。Torvalds 先生是这个集团中的发起者。

1.1.2　Linux 的吉祥物

Linux 的吉祥物是一只可爱的小企鹅。1994 年发表 Linux 正式核心 1.0 的时候，大家要 Linus Torvalds 想一只吉祥物，Torvalds 突然想到小时候去动物园被一只企鹅追着满地打滚，企鹅的力量和速度给他留下了很深刻的印象，就把 Linux 的吉祥物定为了企鹅。

现在的吉祥物企鹅是用自由软件世界的图像设计工具 GIMP 设计的，其完整的设计过程可以参看 http://www.isc.tamu.edu/~lewing/linux/，上面有详细的描述。图 3-1 就是企鹅的图像（原图为彩色）。

图 3-1 Linux 吉祥物

1.1.3　Linux 的发行版

　　由于 Linux 的稳定性良好，并且可以在便宜的 x86 架构下的计算机平台运作，所以吸引了很多软件商与自由软件的开发团队在这个 Linux 的核心上面开发相关的软件，例如有名的 sendmail，wu-ftp，apache 等等。此外，亦有一些商业公司发现这个商机，因此，这些商业公司或者是非营利性的工作团队，便将 Linux 核心、核心工具与相关的软件集合起来，并加入自己公司或团队创意开发的系统管理模块与工具，而释出一套可以完整安装的操作系统，这个完整的 Linux 操作系统，我们就称呼它为发行版。当然，由于是基于 GNU 的架构下，因此各家公司所发行的光盘套件是可以在网络上面自由下载的。不过，如果想要有必要的技术支持，就需要购买发行版的光盘。

　　不过，由于发展的 Linux 公司实在太多了，例如有名的 Red Hat，Debian，Mandrake，SuSE，Ubuntu 等等，所以很多人都很担心，每个发行版是否都不相同呢？这大可不必，由于各个发行版都是架构在 Linux 内核下来开发属于自己公司风格的发行版，因此大家都遵守 Linux Standard Base（LSB）规范，也就是说，各个发行版其实都是差不多的。大家可以按照自己的喜好来选择 Linux 的发行版光盘。下面列出几个主要的 Linux 发行版情况：

　　Red Hat，红帽子，网址为 http://www.redhat.com，其发行的 RH Linux 曾风行一时，后来改为 Fedora Core Linux，现在版本为 Fedora Linux 9.0，是当前最流行的发行版之一。另外，该公司还致力于开发类 Linux 的嵌入式操作系统 eCos。

　　Mandrake，网址为 http://www.linux-mandrake.com/en/，曾经很流行，现在仍然有不少支持者。

　　Slackware，最古老的发行版之一，网址为 http://www.slackware.com/，由于其一直保持简单和纯粹的风格，因此拥有稳定的用户群。

　　SuSE，网址为 http://www.suse.com/index_us.html，曾经是欧洲最流行的发行版，现在仍然保持活跃。

Debian，网址为：http://www.debian.org/，是当前流行的发行版之一。

Ubuntu，是众多的发行版中的后起之秀，当前用户非常多，是最具风格的一个发行版。

1.1.4 自由软件基金会和 GNU 版权

当前流行的软件按其提供方式可以划分为三种模式：商业软件（Commercial software）、共享软件（Share ware）和自由软件（Free ware 或 Free software）。

商业软件由开发者出售拷贝并提供技术服务，用户只有使用权，但不得进行非法拷贝、扩散、修改或添加新功能；共享软件由开发者提供软件试用程序拷贝授权，用户在试用该程序拷贝一段时间之后，必须向开发者交纳使用费用，开发者则提供相应的升级和技术服务；而自由软件则由开发者提供软件全部源代码，任何用户都有权使用、拷贝、扩散、修改该软件，同时用户也有义务将自己修改过的程序源代码公开。

1984 年，曾和 Bill Gates 同为哈佛大学学生的 Richard Stallman 组织开发了一个完全基于自由软件的软件体系计划——GNU，并拟定了一份普遍公共许可（General Public License，简称 GPL）。GNU 计划的宗旨是：消除对于计算机程序拷贝、分发、理解和修改的限制。也就是说，每一个人都可以在前人工作的基础上加以利用、修改或添加新内容，但必须公开源代码，允许其他人在此基础上继续工作。Linux 从产生到发展一直遵循的是"自由软件"的思想。正因为如此，Linux 才发展得如此迅速和健康。1994 年 3 月 14 日，Linus 发布 Linux 的第一个"产品"版 Linux1.0 的时候，是按完全自由发布版权进行发布的。它要求所有的源代码必须公开，而且任何人均不得从 Linux 交易中获利。然而，半年以后，他开始意识到这种纯粹的自由软件的方式对于 Linux 的发布和发展来说实际上是一种障碍，因为它限制了 Linux 以磁盘拷贝或者 CD-ROM 等媒体形式进行发布的可能，也限制了一些商业公司参与 Linux 的进一步开发并提供技术支持的良好愿望。于是 Linus 决定转向 GPL 版权，这一版权除了规定有自由软件的各项许可权之外，还允许用户出售自己的程序拷贝，并从中赢利。这一版权上的转变后来证明对于 Linux 的进一步发展确实至关重要。从此以后，便有多家技术力量雄厚又善于市场运作的商业软件公司加入了原先完全由业余爱好者和网络黑客所参与的这场自由软件运动，开发出了多种 Linux 的发布版本，增加了更易于用户使用的图形界面和众多的软件开发工具，极大地拓展了 Linux 的全球用户基础。并有多家著名的商业软件开发公司开发了基于 Linux 的商业软件，如 IBM、SUN software inc.、ORACLE、INFORMIX 等。

所以，Linux 严格说起来，应该是 GNU/Linux。

1.2 Linux 特点

Linux 首先是一种操作系统。对于一般的个人电脑而言，当我们打开计算机，首先执行的程序是固化在计算机内部只读存储器的系统自检程序（post），自检程序如果没发现问题，就把控制权交给自举程序。自举程序查找硬盘或软盘的第一个扇区（叫引导扇区），这个扇区如果包含了合法的代码，就把系统的控制权交给它。这段代码有时是操作系统的一部分，有时不是。引导程序取得控制权后，紧接着读入相应的操作系统，可以是 windows，也可以是 Linux，或其他别的什么系统。如果是 windows，你就看到了它的启动画面，进入 windows 环境。如果是 Linux，那么 Linux 系统的内核被读入内存，并取得控制权。这时 Linux 就控制了系统的所有资源，包括 CPU、内存、外存、网络端口等。同时它给其他的程序提供服务。从而完成一个操作系统的所有应该具有的功能。

Linux 系统是一种 UNIX，它被称为多用户系统，因为多个用户可以同时使用一台 Linux 机器；又由于每个用户可以同时运行多个程序，所以 Linux 又是多任务的。同时 Linux 又具有 UNIX 系统所有特点：有 250 多种单独的命令，既包括列出文件、文件复制这种简单的命令，也包含网络管理、系统修正等复杂的命令。Linux 又是一种多选择的系统，同一个任务，可以有多个命令、多种方法实现，同一个命令，又能完成多种功能。这也许是 Linux 最不同寻常的地方。比如，简单 cp 命令能够拷贝文件、建立文件的连接、显示文件内容、播放音乐等，也许还有许多功能。正因为这样，Linux 提供解决几乎所有问题的方法，能完成所有任务，并且用各种不同的方法。这和其他操作系统有点不一样。比如，我们想把另一块硬盘按照已有的一块硬盘的结构建立分区和文件系统，并复制内容，这被称为“克隆”。在 windows 系统下，我们得使用专门的第三方软件实现，操作系统没有这个功能。在 Linux 系统下，我们只要一个命令：dd if=/dev/hda of=/dev/hdb 即可。

正因为 Linux 的丰富多彩，使得学习 Linux 不是一个容易的过程。

1.2.1　多用户系统

多用户系统，顾名思义，应当是使多个用户能同时（或不同时）使用一台计算机，而每个用户都像拥有独立的计算机一样。那么，多个用户怎么使用一台计算机呢？这有许多方法。一种是 Linux 系统提供虚拟控制台，即在一个主控制台上通过切换提供多个界面供不同的用户使用，这种方法通常能够给一个人需要以不同身份登录系统提供方便。另一种方法是通过串行线连接不同的终端，不同的用户通过终端登录系统，运行程序。这种方法可以在银行的储蓄所的操作终端中见到。还有一种方法更为常用，就是通过网络程序，比如 telnet，实现登录和使用你的 Linux 机器。比如在我的 Linux（或 Windows）机器上，运行命令 telnet 192.168.0.1，在我的网络环境设置下，就可以看到如下界面：

```
Red Hat Linux release 7.1 (Seawolf)
Kernel 2.4.2-2 on an i586
login:
```

只需键入用户名和密码，就可以使用远端的 Linux 机器。你可以通过网络让远端的计算机运行应用程序，而输入和显示通过网络由你提供。

1.2.2 登录

由于 Linux 系统允许许多用户同时使用计算机，因此当你想进入系统时，必须告诉计算机你是谁，这就是登录。当 Linux 内核启动后，最终要运行一类叫"Shell"的程序提供用户登录界面，shell 程序有文本界面和图形界面两类，不论是哪种 shell，用户登录后 shell 都是作为用户的"代理"在系统中执行用户的输入命令，帮助用户完成各种操作。

文本界面下常用的 shell 是 bash，如果是文本界面，登录过程大致如下：

```
Red Hat Linux release 7.1 (Seawolf)
Kernel 2.4.2-2 on an i586
login: wjy
Password:
Last login: Wed Sep  4 16:31:39 from 192.168.0.11
[wjy@linux wjy]$
```

其中 wjy 是用户名，紧接着提示输入密码，输入密码是并不显示出来，是因为保密的原因。如果用户名和密码都正确了，登录成功，系统显示一句欢迎词，这里显示的是上次登录的时间，然后给出提示符$，我们就可以输入命令了。

需要注意的是，Linux 系统是区分大小写的，大小写不同的字母认为是不同的字符，这和 windows 系统有时候不一样，要特别注意。

登录成功后，shell 程序继续负责接受命令和完成相应的处理，上面说的提示符就是 shell 提供的，它表明 shell 程序就绪，准备接受命令。

上面的登录过程是基于字符截面的，这也是一个不寻常的特征，尤其对 windows 的用户来说。这很矛盾：一方面基于字符界面的 Linux 很难学习，另一方面，它有时（经常是）确比纯粹图形界面强大得多。

实际上，Linux 系统也有非常强大的图形界面系统（可以看成一种 shell），而且有不只一种，其中较广泛应用的一种叫 Xwindows。在一般个人电脑上，习惯于使用图形方式登录，和上面的类似，只是更漂亮一些。但是，人们认为，即使使用的 X Windows system 是最好的产品，字符界面也更胜一筹。而且，依据经验，想不经过命令行就想使用 Linux 提供的所有功能是不可能的。

上面提到，进入系统需要你的用户名（user name）和密码（password），这些信息都记录在系统中一个叫 passwd 的密码文件里。在这个文件中，每个用户占一行。我的密码文件像下面这样：

```
root:x:0:0:root:/root:/bin/bash
bin:x:1:1:bin:/bin:
daemon:x:2:2:daemon:/sbin:
adm:x:3:4:adm:/var/adm:
```

lp:x:4:7:lp:/var/spool/lpd:

sync:x:5:0:sync:/sbin:/bin/sync

shutdown:x:6:0:shutdown:/sbin:/sbin/shutdown

halt:x:7:0:halt:/sbin:/sbin/halt

mail:x:8:12:mail:/var/spool/mail:

news:x:9:13:news:/var/spool/news:

ftp:x:14:50:FTP User:/var/ftp:

nobody:x:99:99:Nobody:/:

named:x:25:25:Named:/var/named:/bin/false

wjy:x:500:500::/home/wjy:/bin/bash

zlq:x:501:501::/home/zlq:/bin/bash

mysql:x:100:101:MySQL server:/var/lib/mysql:/bin/bash

其中每一行包含用冒号隔开的 7 部分，意义如下：

name：用户名，用户登录是必须键入的名字。

password：有不同的含义，如果为 x，表示用户密码存储在一个叫影子文件的单独文件里，如果不是 x，它的意义就是加密后的密码。

Uid：这个数字用来识别每个用户。

Gid：是用户组的识别数字。

Comment：注释，说明一些关于用户的细节。

Home：是用户的工作目录，又称主目录。

Shell：是用户使用的 shell 程序。

其中 root 用户称为超级用户，或根用户，它对系统具有所有权限。

退出系统登录的方法是键入命令 logout，或在提示符后面键入文件结束符，这可以通过按 ctl-D 实现。

1.2.3 文件系统的层次结构

Linux 文件系统包含三类文件：

● 普通文件：存放的是数据和程序，也就是二进制流。文件中不包含任何特定的结构。

● 目录文件：目录是一种结构，它允许不同的文件和目录放在一起，像 windows 系统中的文件夹。其中包含的下级目录叫子目录。

● 特殊文件：包含多种类型，一般说，它和不同进程间通讯、计算机和外部设备通讯有关系。

所有这些文件都放在一个大的树型结构中。树的根是一个单独的目录，称为根（root）目录，并且用斜杠"/"表示。在根目录下有一些标准的子目录和文件，所谓标准，是一种传统。在这些子目录下又包含下级子目录和文件，依此类推。

任何文件，只要不在相同的子目录下，即使文件名相同，也不会混淆。这是显而易见的。

一个文件可以用相对路径和绝对路径两种方法表示。绝对路径就是表示出这个文件在整个目录结构中的位置。比如：/home/wjy/abc 表示根目录下的子目录 home 下包含子目录 wjy 下面的文件 abc。又比如：/usr/local/sbin/df 表示的意义大家可以自己分析。相对路径表示文件相对于当前你所在的目录树中的位置的相对位置。比如，dir1/abc，表示当前目录下有一个 dir1 子目录，所包含的文件 abc。如果想表示上级目录怎么办？linux 中规定，上级目录用"：."表示，当前目录用"."表示。上面的例子也可表示为：./dir1/abc。又比如，../dir2/abc，表示上级子目录下有 dir2 子目录，包含的文件 abc。

顺便说一下，根目录"/"没有上层目录，也保留名称"..",它仍然代表根目录。

1.2.4 一般 linux 系统的文件树结构

一般 linux 系统的文件树结构如图 3-2。

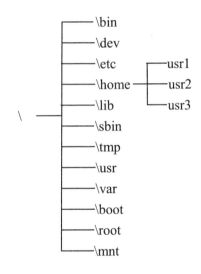

图 3-2 Linux 文件结构

文件系统中目录的名称不一定非得是上面这样，但是，某种特定的文件总是放到特定的目录下面，这已经成了 Linux（也是 UNIX）下的一种习惯，我们遵守这种习惯是有益无害的。

下面介绍上面列出的这些目录的含义：

\bin，用来存放二进制（binary）文件。所谓二进制文件，是指那些文件内容就是由计算机指令组成的可执行文件，这些文件可以当作计算机命令执行。

\dev，用来存放特殊设备文件。设备文件的含义我们将在以后的章节介绍。

\etc，用来存放系统的特殊配置文件，比如密码文件、主机名文件等，是系统最重要和机密的目录之一。

\home，用来存放不同用户的主目录。比如，存在一个用户 user1，一般在\home 下就存在一个主目录 user1。

\lib，用来存放系统运行需要的程序库。Linux 下的程序库是动态链接库，只有在系统需要时，才调入内存，不用时再从内存中清除出去，用以节省内存空间。

\sbin，用来存放只有"超级用户"才能够使用的系统二进制命令文件。出于安全考虑，Linux 系统一般把系统管理使用的命令规定只有超级用户才能使用，普通用户没有使用的权限。

\tmp，系统用来存放临时数据的地方，其中的文件经常被清除。

\usr，用来存放为用户安装的应用软件。其中也有复杂的目录结构，比如 share 用来存放用户共享的软件，bin 用来存放二进制文件，sbin 用来存放系统管理用的二进制文件等。

\var，一般用来存放程序运行时产生的文件。

\boot，用来存放 Linux 引导用的文件和系统内核。

\root，超级用户（也叫根用户）的主目录。

\mnt，用来安装不同的存储设备。在 Linux 下，整个文件系统就是一个树型结构，所有文件和存储介质都必须在这个树形结构之下。比如，当插入移动硬盘时，需要把移动硬盘上的文件系统安装在什么地方才能使用。通常在\mnt 下存在 floppy、usb、cdrom 等目录，用来安装软盘、usb 移动硬盘、光盘等文件系统。

思考和练习

1. 访问 http://www.linux.org/网站，了解 Linux 的相关信息。
2. 开放软件（open ware）和自由软件（free ware）一样吗？请查阅相关的文献，并写出自己的见解。
3. 阅读《大教堂与市集》这篇文章（简体中文版见 http://www.angeloliu.org/read-37.html)，并写下自己的看法。

第二章 Linux 系统的安装

　　Linux 系统有不同的发行版，每种不同的发行版包含不同的安装程序。本章介绍两种流行的发行版的安装过程供初学者参考，我们首先介绍安装需要的计算机知识，然后介绍国内较多的 Red Hat Fedora 和 Ubuntu 两种发行版的安装过程。

2.1 Fedora Core 6.0 的安装过程

　　Fedora Core 是红帽子（Red Hat）公司支持的一个发行版，后来改为 Fedora，现在版本为 Fedora 9.0，我们这里介绍 FC6.0 的安装过程，不同版本是大同小异的。

2.1.1 安装前的准备工作

　　在正式安装之前，首先做好必要的准备，包括：
1. 安装光盘下载和刻录
　　当然可以去公司购买光盘拷贝，但是我们经常采用网络下载的方法获得安装光盘的映像。下载的网站众多，包括红帽子公司，或者如 www.Linuxeden.com 或 www.chinalinux.com.cn 等 Linux 门户网站。我们可以下载两个版本，一种是 DVD 版本，整个安装盘映像就是一个 DVD 光盘映像，一种是 CD 映像，如果是 FC6.0 的 CD 映像，要有 6 张光盘。下载完成之后，就要把下载的 DVD 或 CD 映像进行光盘刻录，刻录好之后，就可以安装了。
2. 硬盘的整理和硬盘空间的准备

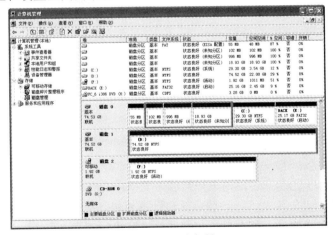

图 4-3 磁盘管理

如果你有一个唯一的硬盘全部用来供 Linux 安装和使用，那么，硬盘的准备就结束了。但是，往往不是这样。你可能只有一个硬盘，已经安装了 Windows XP 等操作系统，而只打算拿出一小部分硬盘空间给 Linux 安装和使用。我希望你多拿出一些硬盘空间给 Linux，因为硬盘的价格差不多是 1 元/GB，这样成本很低。

我建议你首先了解你的硬盘分区情况。在 Windows XP 系统下，从开始——控制面板——性能和维护——管理工具——计算机管理，打开管理工具。在"存储"下面选择"磁盘管理"，如图 4-3 所示。

图中的磁盘 0 和磁盘 1 是硬盘，磁盘 2 是 U 盘。我们可以通过删除硬盘上的某个分区，为 Linux 安装准备好硬盘空间，当然删除之前要确保该分区中没有任何需要保留的数据。之所以用 Windows 的工具进行磁盘整理，是因为该工具可以方便地把磁盘分区和 windows 下的盘符联系起来。

系统中的第一个硬盘叫做 hda，第二个叫做 hdb。在一个 PC 硬盘上，最多只准许存在 4 个主分区或扩展分区，分别叫做 hda1、hda2、hda3 和 hda4。这种划分的数据结构存在于该磁盘引导扇区的分区表中，因此，和操作系统无关。如果需要更多的分区，则在 hda1-hda4 中，至少要有一个扩展分区。一个扩展分区就是一个逻辑的硬盘，其第一个扇区也是引导扇区，包括一个对扩展分区有意义的分区表，该表把扩展分区划分为逻辑分区。逻辑分区编号从 hda5 开始，即使主分区和扩展分区的编号不到 hda4 也是如此。图 4-4 是一个实例，我们可以记住当前硬盘的情况，在安装 Linux 时重新划分硬盘，删掉不要的分区，增加 Linux 分区等。

硬盘 hda：

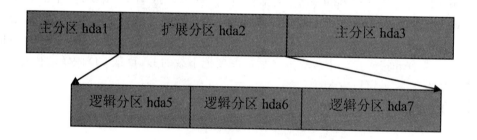

图 4-4 磁盘分区示意图

Linux 的安装可以是任意的主分区和逻辑分区。我们可以选择上面任意的一个分区，用来安装 FC6 Linux。

2.1.2 开始安装 FC6

如果是从 DVD 光盘安装，则把光盘放入光驱，准备从光盘启动。如果是 CD 光盘，则把第一张光盘放入光驱。然后重新启动计算机，用适当的方法进入称为 BIOS 的界面，选择从光盘启动，保存后，等待计算机从光盘引导，进入如图 4-5 画面。

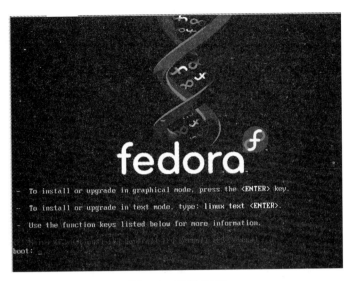

图 4-5 光盘引导

按回车键继续安装（当然也可以选择其他选项），屏幕上出现 Linux 的引导过程。过一段时间，出现是否进行 CD 光盘介质测试的提示。如果光盘很可靠，选择 skip，因为该测试很费时间。紧接着系统启动 anaconda 程序检测系统硬件。过一段时间，可以看到图形安装界面图 4-6。

图 4-6 fedora 光盘启动

选择 next，出现语言选择画面，选择简体中文，点击 next，出现选择键盘的画面，我们选择"美国式英语"，接着按"下一步"（这是"next"变成了"下一步"），出现硬盘分区画面图 4-7。

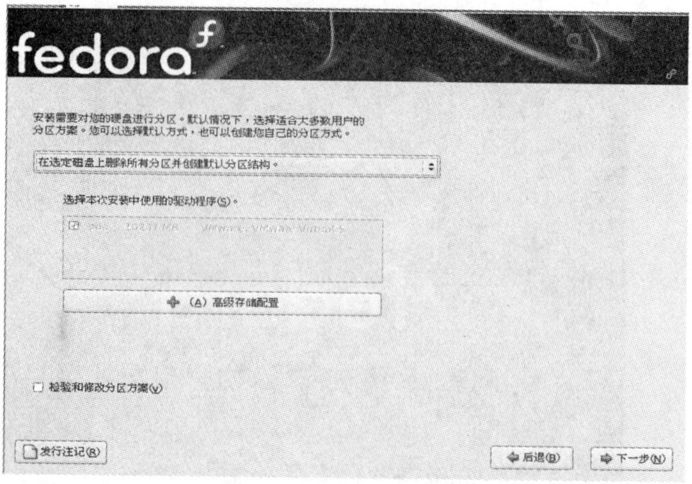

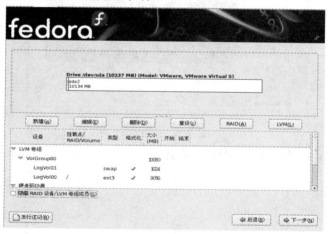

图 4-7 选择硬盘分区

2.1.3 硬盘分区

在硬盘分区界面中可以有四种分区方式选项。如果选择"在选定磁盘上删除所有分区结构并创建默认分区结构",则系统会删除你选定的磁盘上的所有分区,并生成一个比较合理的分区结构用来安装 Linux,该方式适合整块硬盘用来安装和使用 Linux 的情况。如果选择"在选定驱动器上删除 Linux 分区并创建默认分区结构"选项,则系统只删除该硬盘中的 Linux 分区,然后重新创建一个比较合理的分区结构用来安装 Linux,该情况适合摒弃旧的 Linux 安装并利用原来的空间安装 FC6.0 的情况。如果选择"使用选定驱动器中的空余空间并创建默认的分区结构",适合 Windows 操作系统中已经删除了不需要的分区,准备好了空间,用来安装 FC6。如果选择"建立自定义分区结构",则整个分区过程需要完全手动。

图 4-8 硬盘分区

不管选择哪种分区方法,最后都要选择"检验和修改分区方案"选项,在分区方案生成后进行适当的人工修改和建议,避免不必要的错误发生。

点击下一步,进入分区界面,如图 4-8。

在分区界面中,上面是硬盘分区的示意图,中间有 5 个操作按钮,下部是磁盘分区的列表。在操作之前,需要先点击分区列表选择一个分区或空闲空间。"新建"按钮创建一个分区,"编辑"按钮修改一个存在分区的属性,"删除"按钮删除一个分区,"重设"按钮重新设定整个硬盘分区。"RAID"和"LVM"需要重点解释。

RAID 选项用来创建软件 RAID,软件 RAID 能够把几个磁盘分区合并成较大的存储设备,并且提供额外的可靠性和速度。其中 RAID0 把各个 RAID 成员逻辑上连接成一个大的存储设备,而不做任何冗余备份,因此只提供速度和容量上的提高而不能提供额外的可靠性。RAID1 把两个设备互为备份,虽然容量损失一倍,但是允许一个设备损坏,因此可靠性大大提高。RAID5 联合三个以上设备,并提供一定的校验备份,取得容量、速度和可靠性方面的最佳性能。

选择 RAID 选单后,包括"创建 RAID 软件分区"、"创建 RAID 设备"和"克隆驱动器来创建 RAID 设备"三个功能选项。其中,只有创建了充分多的 RAID 软件分区,才能利用这些分区创建 RAID 设备。因此,一般要首先创建 RAID 软件分区,然后选择"创建 RAID 设备"按钮,出现如图 4-9 对话框:

图 4-9 创建 RAID 设备

设置挂载点,就是在将来的 Linux 中文件系统的位置,RAID 级别,确定为 0、1 或 5,选择 RAID 成员。如果是 RAID5,可以选择备份数量。最后点击确定,就建立了一个 RAID 设备。该设备和一块硬盘一样使用,其设备名为 md0、md1 等等。

对于一般个人用户,RAID 并不是很受青睐,可以在自己的安装中不使用软件 RAID 功能。

LVM 是逻辑卷的功能。它把多个分区(物理卷)连接成一个逻辑卷,该逻辑卷就是一个独立的设备,像一块硬盘一样使用。它可以把零碎的硬盘空间变成较大的统一空间,供 Linux 安装和使用,方便管理。

首先选择"创建"按钮,在"文件系统类型"中选择"physical volume(LVM)",

确定适当的大小后就可以创建一个物理卷分区。这样的分区可以根据硬盘的情况创建若干个。有了这些物理卷，就可以创建逻辑卷。点击 LVM 按钮，得到如图 4-10 界面：

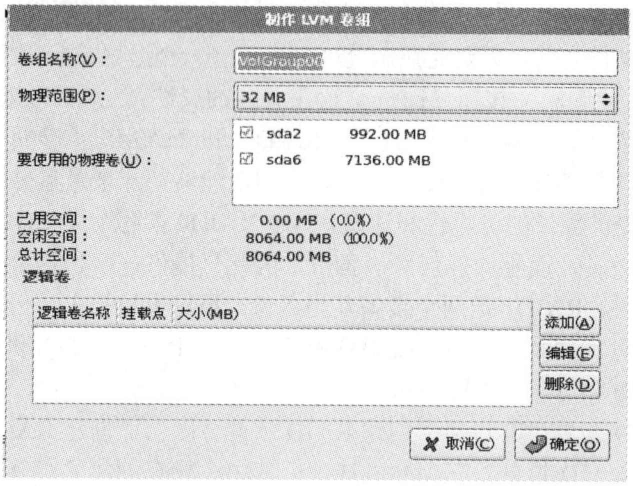

图 4-10 制作 LVM 卷组

卷组名称可以采用缺省的值，选择使用的物理卷，显示出逻辑卷的大小。单击添加按钮，添加逻辑卷上的分区和挂载点，可以添加若干个，只有是需要的。最后点确定，逻辑卷组制作成功。

在 Linux 分区中，只有 boot 目录中存储内核和其他引导信息，而该目录是要被引导程序读取的。而引导程序一般比较简单，不能支持 RAID、LVM 等系统，因此，该目录一般由一个小的主分区挂载，可以为 100M。

为了 Linux 能够高效的运行，需要有一个交换分区，可以选择物理内存数量的 2 倍容量，可以是主分区，也可以是逻辑分区，或者是 LVM 卷等，只需创建类型为 swap 即可。

可以把剩余的空闲空间都划分成根目录分区，也可以把单独的硬盘分成 home 目录分区，供所有普通用户使用，或者将一些单独的空间划分成 var 目录分区，用来存放应用服务数据。总之，应该根据实际的需要，采取适当的分配方案。

2.1.4　接下来的安装

硬盘分区之后，选择下一步，进入启动引导程序选择。FC6 的引导程序一般选择 GRUB。GRUB 是一个引导程序，在启动过程中，只要把控制权交给 GRUB 程序，它就能从硬盘或者网络读取 Linux 内核，将其装入内存，完成引导，或者把非 Linux 分区的引导程序装入内存，完成其他系统的引导。因此，GRUB 是一个非常优秀的和流行的引导程序。

引导程序的安装位置通常有两个选择：一种是安装在 hda 的 MBR，即主存储设备的引导扇区。当计算机完成自检后，ROM 内的程序就会读取 MBR 中的内容，并把控制权交给它。因此，MBR 中的程序是最早得到控制权的硬盘程序。如果把 GRUB 装到 MBR，那么，它最早拿到控制权，它不仅引导 Linux，也应该能够引导 Windows 等其他操作系统。它当然能够实现，在启动的时候 GRUB 会给出一个启动选单，由用户选择启动的系统。

另一种选择是把 GRUB 装到 root 目录的分区。如果把 GRUB 装到安装 Linux 内核的分区，我们往往让 GRUB 只负责引导 Linux 本身，而 GRUB 的控制权要通过装在 MBR 中的其他引导程序赋予。其他引导程序可以是 Windows 的引导程序，需要经过适当的配置才能完成这个任务，这时启动选项由 Windows 的引导程序提供。

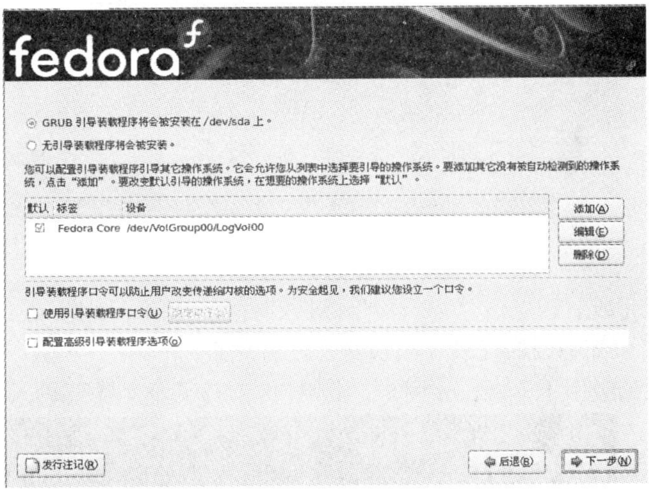

图 4-11 设置引导程序

在图 4-11 的界面中，也可以选择口令保护等方式，让系统更安全。

选择完成后，选择"下一步"，进入网络配置阶段。

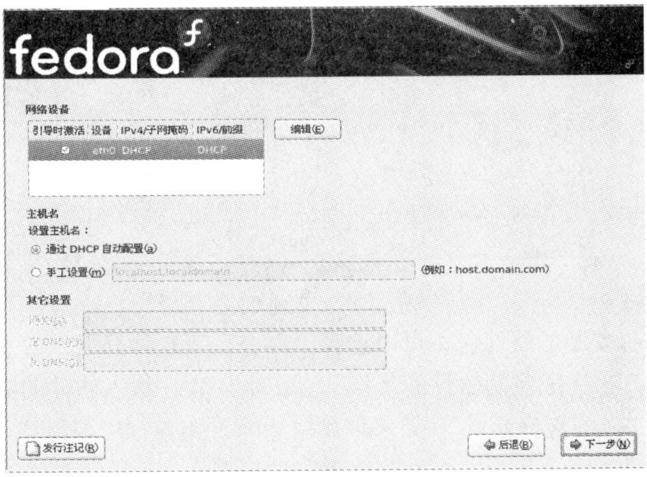

图 4-12 网络设备配置

图 4-12 会列出你的网卡。如果它的 ip 地址是由动态地址分配协议（DHCP）自动获得的，则选择 DHCP 方式。主机名也是如此。如果 ip 地址和主机名是预先制定的，则选择"编辑"按钮，手工设置 ip 地址，和手工设置主机名等。

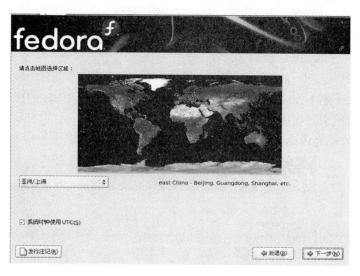

图 4-13 设置时区

网络设置完成后，点击"下一步"，进入时区的选择，如图 4-13。我们选择"亚洲/上海"作为东部中国的代表（很遗憾，没有北京）。

然后进入超级用于（即 root 用户，根用户）口令设置。需要输入两次，如图 4-14。

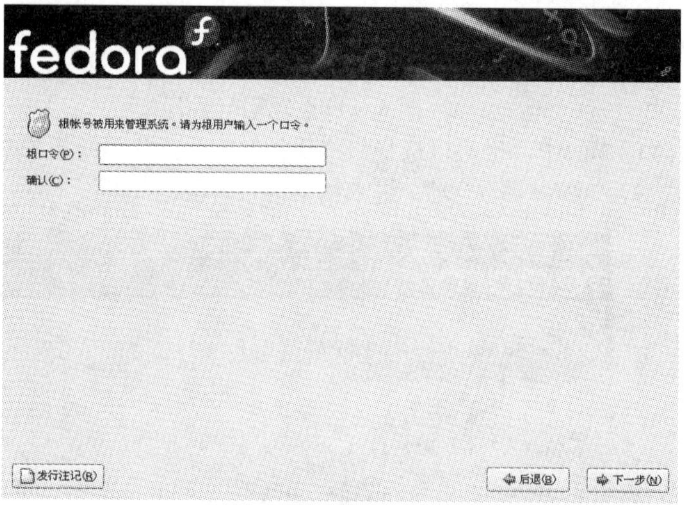

图 4-14 设置根用户密码

下面是选择安装的软件包。可以选择"办公"、"软件开发"等总体设置，然后选择"现在定制"来完成定制软件的工作。点击下一步，进入软件的定制界面，在系统开发下，增加"老的软件开发"，如果你使用 emacs 作为程序编辑器，在应用程序中选择编辑器，增加 emacs 进去，另外的选择完全根据你个人的需要。

然后进行下一步，安装程序检查你选择软件的依赖关系。往往需要你增加一些程序，我们当然应该增加。选择下一步后，系统进入漫长的格式化硬盘、拷贝等费时的阶段，我们只需耐性地等待，如图 4-15 所示，如果你选择使用 CD 光盘进行安装，还应该在安装提示换盘时插入适当的光盘。

图 4-15 FC6 开始安装

经过长时间的等待之后，终于安装结束，光盘弹出，点击重新引导，重启系统。重启之后，系统引导进入 FC6，紧接着进行配置工作。

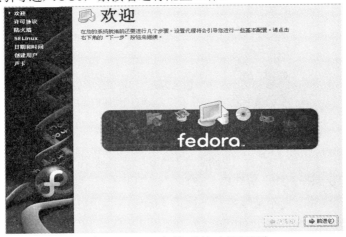

图 4-16 FC6 安装后的欢迎画面

2.1.5 安装后的配置

首先出现图 4-16 的画面，然后点击"下一步"，进入许可协议。

图 4-17 FC6 许可协议

在图 4-17 画面中选择同意后，点击"前进"按钮，进入防火墙的设置：

图 4-18 FC6 防火墙设置

在图 4-18 选择 FTP、WWW、SSH 等信任服务后，选择"前进"，当然，你也可以选择关闭防火墙，也不是很危险，因为 Linux 具有很好的安全机制，是不容易攻破的。下面是 SELinux 设置，如图 4-19：

图 4-19 FC6 安全性设置

选择缺省选择后，点击"前进"，进入图 4-20 日期时间设置：

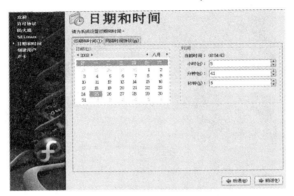

图 4-20 FC6 日期和时间设置

选择"前进",进入用户创建界面,如图 4-21。我们一般为普通操作创建普通用户,而不是用超级用户工作。这主要是安全方面的考虑,毕竟一个超级用户的不小心删除,就可以让系统瘫痪,造成不必要的损失。

图 4-21 FC6 创建新用户

点击"前进",进入声卡设置界面,如图 4-22:

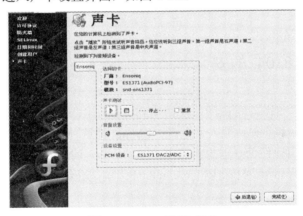

图 4-22 FC6 设置声卡

如果你能听到测试的声音,你就正确配置了声卡。当然,如果有问题,你也可以先跳过去,然后系统正常工作后再仔细研究声卡的问题。这是,点击完成,就完成了配置工作,可以看到如图 4-23 的登录界面:

图 4-23　FC6 登录界面

恭喜你，已经正确安装了 FC6 并可以使用了。

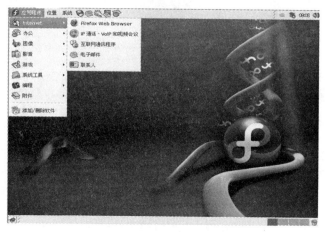

图 4-24 成功安装 FC6 的使用界面

2.2 Ubuntu 8.04 的安装

Ubuntu 是非洲语言的音译，汉语写作"乌班图"。在南非语中，"Ubuntu"就是"Humanity to others"（善待他人）之意，Ubuntu 把这种自由、共享的精神带入软件产业，表达了对自由软件美好理想的追求。可以认为，Ubuntu 是当前最具有人性化、易用性和最流行的发行版。下面以 Ubuntu 8.04 为例，介绍其安装过程。

2.2.1　安装前的准备

如果我们从光盘安装，首先得下载一个光盘映像，并刻录成光盘。然后准备好硬盘空间，如果是一个 windows 用户，还是提倡在 windows 下把需要的硬盘空间准备好，一般通过整理自己的资料，腾出整个的硬盘分区，然后用 windows 的存储管理器删除该分区，以便得到空闲空间来安装 linux。因为对于以前是 windows 用户的人来说，通过整理腾出空间只能在 windows 下进行，而删除分区也是在 windows 下比较不容易出错。

除了上面的两项工作，对于 Ubuntu 的安装工作，还需要准备好网络。因为在安装过程中，如果你选择了光盘上没有的软件，则安装程序就会从网络上去下载这些程序来安装。如果安装过程中网络出现问题，就需要在安装完成后重新运行更新程序，给安装带来不便。

如果一切都准备好了，就进入了安装工作。

2.2.2 开始安装

设置计算机从光驱启动，插入 Ubuntu 光盘，启动计算机，出现从光盘启动的画面，然后出现图 4-25 语言选择界面：

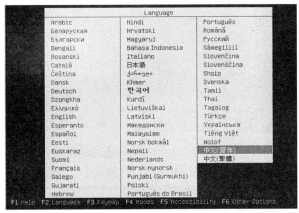

图 4-25 ununtu 语言选择

选择中文（简体），然后继续，就进入一个选单：

图 4-26 ubuntu 启动光盘选项

在图 4-26 中，如果选择"试用 Ubuntu 而不改变计算机中的任何内容"，则计算机从光盘启动一个 linux 内核并在光盘运行 Ubuntu，不改变计算机硬盘的任何内容，虽然性能稍受影响，但不失为一个体验 Ubuntu Linux 的一种好方法。如果选择"安装 Ubuntu（I）"，则将启动硬盘安装过程。如果选择"检查光盘是否损坏"，则进行光盘介质的检查，耗时较多，如果刚刚刻录的新光盘，出问题的几率很小，一般可以不检查介质。如果选择"内存测试"，将运行内存测试应用程序。如果选择"从第一块硬盘启动"，则放弃光盘引导，而进入硬盘引导过程。这里我们选择"安装 Ubuntu（I）"从光盘安装 Ubuntu。

经过几分钟的等待，出现如下画面，安装共有 7 步，图 4-27 是第一步：

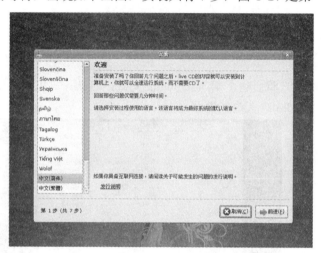

图 4-27 ubuntu 安装语言选择

选择语言，我们选择"中文（简体）"，然后点击"前进"，得到如图 4-28 画面：

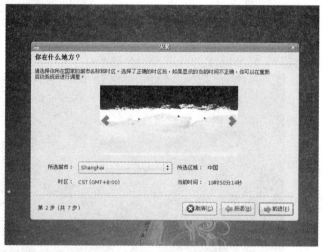

图 4-28 ubuntu 安装选择时区

选择时区，可以选择"shanghai（上海）"。这是安装的第二步，点击"前进"，如图 4-29：

图 4-29 ubuntu 安装选择键盘类型

进入第三步，设置键盘类型，选择 china 之后点击"前进"，如图 4-30：

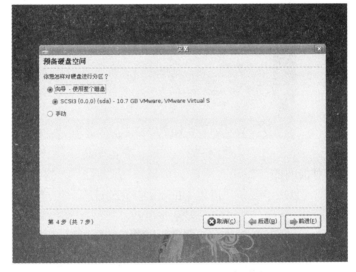

图 4-30 ubuntu 安装硬盘选择

这是最重要的硬盘分区界面，由于我们准备好了磁盘的空闲空间，只需要在空闲空间上划分 Linux 分区即可，千万不要删除任何其他分区。在上面的界面选择"使用整个硬盘"则 Linux 会把整个硬盘原来内容删除来安装。通常选择"手动"，在空闲空间上创建一个较小的分区，安装点为/boot，作为启动分区，创建一个分区作为交换分区，剩余的空间可以作为一个分区，让它作为根分区。这是一个最简单的方案，但不是最优的。

分区完成后，进入下一步，如图 4-31，创建用户和密码，并给出计算机名称，用来通过 samba 程序和 windows 机器进行数据交换：

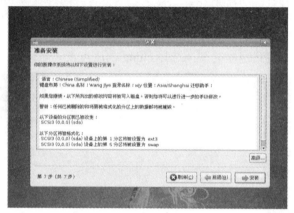

图 4-31 ubuntu 安装中选择用户

然后进入下一步，准备安装：

图 4-32 ubuntu 准备安装

这时如果你对前面的信息还有更改，可以点击"后退"，进入前面的页面进行修改。如果没有问题，点击"安装"进入 Ubuntu 的安装过程。该过程耗时较长，请耐心等待，图 4-33 过程中会有一个进度条显示进度：

图 4-33 ubuntu 安装过程

经过漫长的等待后，系统显示安装完成，选择重启。系统重启后，可以看到启动过程由一个叫 grub 的程序控制，提供一个选单，可以选择不同的 Linux 系统启动，也可以选择启动以前的 windows 系统。

2.2.3 安装后的设置

安装完成后，还需要进行一定的设置和安装，才能完全满足我们的要求。

系统安装完成后，如果我们还要安装软件，就需要从网络安装。这时，ubuntu 需要连接所谓的"软件源"，也就是 Ubuntu 的软件仓库。缺省情况下，服务器不在国内，网速较慢。这时可以从新设置软件源，使之指向国内或其他较快的服务器，增加软件安装和更新速度。通过增加软件源，也可以让软件库中的软件更丰富。

增加软件源，可以从图形界面中实现，选择系统(System)-系统管理(Administration)-软件源设置(Software Sources)，打开图形设置工具，在第一个标签页上，单击"下载自(Download From)"右边的菜单，选择"其他···(Others···)"。然后在弹出的窗口中单击"选择最佳服务器(Select Best Server)"。下面系统会自动 ping 官方服务器列表中的服务器，并选择最快的！

如果用手工的方法，可以设置官方没有的服务器，通过编辑/etc/apt/sources.list 文件，在其后加入你需要的任何服务器列表，比如，清华大学的服务器列表为：

```
deb http://mirror9.net9.org/ubuntu/ hardy main multiverse
        restricted universe
deb http://mirror9.net9.org/ubuntu/ hardy-backports main
        multiverse restricted universe
deb http://mirror9.net9.org/ubuntu/ hardy-proposed main
        multiverse restricted universe
deb http://mirror9.net9.org/ubuntu/ hardy-security main
        multiverse restricted universe
deb http://mirror9.net9.org/ubuntu/ hardy-updates main
        multiverse restricted universe
deb-src http://mirror9.net9.org/ubuntu/ hardy main multiverse
        restricted universe
deb-src http://mirror9.net9.org/ubuntu/ hardy-backports main
        multiverse restricted universe
deb-src http://mirror9.net9.org/ubuntu/ hardy-proposed main
        multiverse restricted universe
deb-src http://mirror9.net9.org/ubuntu/ hardy-security main
        multiverse restricted universe
deb-src http://mirror9.net9.org/ubuntu/ hardy-updates main
        multiverse restricted universe
```

国内还有很多列表，可以根据自己的情况加入。

为了开发 c 语言程序，还需要加入编译器等开发环境。打开"新立得包管理器"，查找"build-essential"、"manpages-dev"软件包，选择该软件包，点击应用，开始软件下载和安装过程。这样就有了 c 语言的开发环境。

思考和练习

1. 选择一个自己喜欢的 Linux 发行版，并在自己电脑上安装。
2. 如果给你一个 150GB 的硬盘，请你设计一个适合自己并且让 Linux 和 Windows XP 共存的分区方案，并说明理由。

第三章 Linux 的命令行操作

虽然 Linux 具有多种优秀的图形界面系统,一般个人电脑上也习惯图形界面操作,但是学习字符界面的命令行操作仍是非常必要的。比如,一个服务器系统出现故障时,可能图形界面已经由于某种原因不能启动了,这是只能使用命令行方式进行修复。

3.1 初识 Linux

本节主要讲述刚刚接触 Linux 的人需要了解的入门知识,学过本节后,能够进入 Linux 系统环境,进行初步的体验。

3.1.1 登录 Linux

当你打开装有 Linux 操作系统的计算机,准备使用它的时候,首先看到的是登录界面,可以是图形界面,也可以是文本界面,如果使用文本界面,可能像下面一样:

Red Hat Linux release 7.1 (Seawolf)

Kernel 2.4.2-2 on an i586

login: wjy

Password:

Login incorrect

这是因为没有输入正确的密码。系统会继续给出提示:

login: wjy

Password:

Last login: Wed Sep   4 18:47:04 from 192.168.0.11

Welcom linux.

[wjy@linux wjy]$

出现登录提示 login 后键入用户名 wjy 然后按回车键,系统提示输入密码。注意,输入密码的时候屏幕上并不显示,这是为了保密,即使后面有人偷窥,也不能看到输入的内容。如果输入密码不正确,就不能进入系统,系统提示 login incorrect。接着又出现登录的提示。这次输入正确的用户名和密码,系统登录成功,出现欢迎语和提示符。系统的欢迎语存储在文件/etc/motd 中,可以通过改变里面的内容改变登录是的欢迎语,系统管理员也可以把需要通知每一个用户的消息写进去。

如果使用图形用户界面,整个过程是类似的,只不过在看起来更漂亮的环境中进行而已。

除了直接从控制台登录外,还可以从网络上的其他计算机进行登录。这是由于

Linux 是一个多用户、多任务网络操作系统。以 windows（windows 95、windows 98、windows NT、windows 2000、windows XP 等）为例，选择开始→运行，然后输入 telnet 回车，则运行了 telnet 网络终端程序。在连接菜单中选择远程系统，输入要登录的系统的 ip 地址，如果正常的话，就会出现登录界面，就像在控制台登录一样进行登录。

在图形界面下同样可以使用命令行，不同的发行版和版本可能细节不同，只要在开始菜单下选择命令行窗口，就可以看到一个 shell 的运行，然后输入命令行就可以了。

3.1.2　几个有趣的命令

下面介绍几个简单但有趣的命令，供读者学习。

3.1.2.1　passwd 更改口令

登录后输入 passwd 命令：

```
[wjy@linux wjy]$ passwd
Changing password for wjy
(current) UNIX password:
New UNIX password:
Retype new UNIX password:
passwd: all authentication tokens updated successfully
[wjy@linux wjy]$
```

先提示输入原口令，然后两次输入新口令，如果两次输入相同的符合要求的口令，则更改成功。如果两次输入的口令不一致，则不能成功：

```
[wjy@linux wjy]$ passwd
Changing password for wjy
(current) UNIX password:
New UNIX password:
Retype new UNIX password:
Sorry, passwords do not match
New UNIX password:
```

系统先提示两次出入的不匹配，然后重新输入新口令。如果输入的口令不符合要求，则系统给出提示：

```
[wjy@linux wjy]$ passwd
Changing password for wjy
(current) UNIX password:
New UNIX password:
```

```
BAD PASSWORD: it is too short
New UNIX password:
BAD PASSWORD: it is based on a dictionary word
New UNIX password:
```

如果新口令少于 6 个字符，系统就会提示口令太短。如果口令含有字典中可查到的英文单词，系统也不接受，并给出提示。下面是一些合格的口令应满足的条件：

1) 口令最少 6 个字母
2) 又有数字，又包含字母
3) 既含有大写字母，又含有小写字母
4) 不含有字典中有的单词
5) 和相应的账号名称没有任何相似

可以选择一个英文句子中的每一个单词的第一个字母加上一些数字和标点符号作为口令，也可以选择汉语词汇的汉语拼音，等等。

为什么选择一个安全的口令很重要呢？因为黑客的攻击目标往往首先取得系统的 passwd 文件，其中的口令字段虽不能直接解密，但能通过对所有字典中的单词及其各种变形进行加密比对等方法，找出口令文件中的坏口令。

3.1.2.2　你是谁

Linux 不仅可以让你完成各种命令，而且还能回答曾困扰了人们几千年的哲学问题：我是谁？

```
[wjy@linux wjy]$ whoami
wjy
[wjy@linux wjy]$
```

该命令列出了当前登录的账户名。

如果在三个单词中间加入空格，使它读起来更像英文句子，则结果如下：

```
[wjy@linux wjy]$ who am i
linux!wjy        pts/0     Sep 10 16:28
[wjy@linux wjy]$
```

这回信息比上次多，包含系统名称，登录终端，登录时间。实际上是 who 命令在起作用。Linux 是计算机名，不是操作系统名称。

还有一个命令能让你知道当前账号，这就是 id：

```
[wjy@linux wjy]$ id
uid=500(wjy) gid=500(wjy) groups=500(wjy)
[wjy@linux wjy]$
```

该命令告诉你属于那一个组织，用户号，组号等。

3.1.2.3 还有谁在系统中

了解这个问题，可以从下面几个命令实现。一个是 users：

```
[wjy@linux wjy]$ users
root student wjy zlq
[wjy@linux wjy]$
```

共列出 4 个用户，他们是和我一起登录的人。还有一个命令 who，不仅能知道谁登录到了系统上，还知道位于什么终端和登录了多长时间。

```
[wjy@linux wjy]$ who
root        tty1      Sep 10 18:11
zlq         tty2      Sep 10 18:11
student     tty3      Sep 10 18:11
wjy         pts/0     Sep 10 16:28
[wjy@linux wjy]$
```

如果要想知道这些用户在系统中做什么，可以用 w 命令：

```
[wjy@linux wjy]$ w
6:17pm  up   2:46,   4 users,   load average: 0.00, 0.00, 0.00
USER        TTY       FROM              LOGIN@    IDLE   JCPU
PCPU   WHAT
root        tty1      -                 6:11pm    5:32   0.25s  0.15s
-bash
zlq         tty2      -                 6:11pm    5:24   0.60s  0.15s
-bash
student     tty3      -                 6:11pm    5:13   0.22s  0.14s
-bash
wjy         pts/0     192.168.0.11      4:28pm    0.00s  0.43s
0.08s   w
[wjy@linux wjy]$
```

这是一个较复杂的命令，第一行给出了系统信息：当前时间，开机时间，等等。后面每一行给出一个用户的信息，包括用户名，终端，登录地点，登录时间，空闲时间，使用 cpu 时间以及运行什么程序等。你可以在自己的系统上运行该命令，看看有什么结果。

3.1.2.4 检查当前日期和时间

按照我们的经验，time 应该显示系统的时间，date 显示当前日期。我们实验一下看：

```
[wjy@linux wjy]$ time
```

30

```
bash: syntax error near unexpected token `time'
[wjy@linux wjy]$
```
系统提示我们错误。查了以下手册,才知道,time 用来统计某个命令花的时间,例如:
```
[wjy@linux wjy]$ time who
wjy        pts/0      Sep 11 17:31

real    0m0.051s
user    0m0.010s
sys     0m0.020s
[wjy@linux wjy]$
```
先显示了 who 命令的输出,然后显示了执行这个命令所花费的时间:包括真实时间、用户态时间和系统态时间。

我们再来看 date 命令:
```
[wjy@linux wjy]$ date
Wed Sep 11 17:52:02 HKT 2002
[wjy@linux wjy]$
```
正是我们要的!

3.1.2.5 查看日历

linux 下有一个命令是显示日历。比如,显示 1999 年 12 月 31 日是星期几:
```
[wjy@linux wjy]$ cal 12 99
      December 99
Su Mo Tu We Th Fr Sa
 1  2  3  4  5  6  7
 8  9 10 11 12 13 14
15 16 17 18 19 20 21
22 23 24 25 26 27 28
29 30 31
[wjy@linux wjy]$
```
仔细观察,发现有问题。因为千禧夜应该是星期五,我清楚地记得。其原因在于 cal 命令实际上能显示公元零年至今的任何日历,所以,上面命令显示的是公元 99 年的 12 月。
```
[wjy@linux wjy]$ cal 12 1999
      December 1999
Su Mo Tu We Th Fr Sa
          1  2  3  4
```

```
 5  6  7  8  9 10 11
12 13 14 15 16 17 18
19 20 21 22 23 24 25
26 27 28 29 30 31
```

[wjy@linux wjy]$

这回对了。

我们可以根据这个命令发现一些有趣的东西，比如，父母的生日是星期几等。但仅限与此，不能用来核对某些历史时间。这是因为现在西方社会使用的是 1752 年使用的儒略历，对于之前的时间，程序应使用格里高里历，但计算机不能。

显示一年的日历：

[wjy@linux wjy]$ cal 2002|more

后面加 more 是为了使显示不会一晃而过。

3.1.3　在文件系统中遨游

3.1.3.1　主目录

在登录时，有一个特殊的目录和你的登录名联系在一起，它称为你的主目录（home），也称为起始目录，它就是你刚登录系统是的当前目录。你的整个目录树，一般都应该在你的起始目录下，你对它有特权。

Pwd 命令能够告诉你当前目录在整个目录树中的位置，因此，它也可以用来知道你的起始目录，因为你刚刚登录时的目录就是起始目录。

[wjy@linux wjy]$ pwd
/home/wjy
[wjy@linux wjy]$

其中，/home/wjy 就是我用 wjy 这个用户名登录是的起始目录。

3.1.3.2　改变目录

为了将工作目录改换到目录树中的其他位置，可以用 cd 命令：

[wjy@linux wjy]$ cd /
[wjy@linux /]$ pwd
/
[wjy@linux /]$

为了回到主目录，简单用 cd 命令就可以了：

[wjy@linux /]$ cd

[wjy@linux wjy]$ pwd
/home/wjy
[wjy@linux wjy]$

cd 命令也可用来改变到相对路径下，不再举例。

3.1.4 显示目录内容

为了查看当前目录下的内容，可以用 ls 命令：

[wjy@linux wjy]$ cd /
[wjy@linux /]$ ls
bin   dev home lost+found mnt proc sbin usr
boot etc lib   misc   opt root tmp   var
[wjy@linux /]$

先改变到根目录，然后显示当前目录的所有文件。但是，我们注意到，并没有包含特殊目录"."和".."，实际上，它没有包含所有以"."开头的文件名。这不是一种加密机制，因为用 ls 命令也能轻而易举地显示所有文件：

[wjy@linux /]$ ls -a
.   .bash_history boot etc   lib   misc opt   root tmp
var
..   bin   dev   home lost+found mnt   proc sbin
usr
[wjy@linux /]$

上面命令中的"-a"叫命令的开关，它就像一个副词，规定了命令的特定行为，而一个命令像一个动词。

如果想更详细地了解当前目录的情况，可以用开关"-l"，用长格式显示结果：

[wjy@linux /]$ ls -l
total 145
drwxr-xr-x   2 root   root   4096 May 26 21:59 bin
drwxr-xr-x   3 root   root   1024 Sep 11 17:26 boot
drwxr-xr-x   14 root   root   81920 Sep 11 17:27 dev
drwxr-xr-x   39 root   root   4096 Sep 11 17:26 etc
drwxr-xr-x   7 root   root   4096 Sep 10 17:57 home
drwxr-xr-x   6 root   root   4096 Apr 20 05:48 lib
drwxr-xr-x   2 root   root   16384 Apr 20 05:21
lost+found
drwxr-xr-x   2 root   root   0 Sep 11 17:26 misc
drwxr-xr-x   4 root   root   4096 Sep 1 18:19 mnt
drwxr-xr-x   2 root   root   4096 Aug 24 1999 opt

```
dr-xr-xr-x      66 root      root          0 Sep 12   2002 proc
drwxr-x---      19 root      root       4096 Sep  1 19:23 root
drwxr-xr-x       2 root      root       4096 Apr 20 05:51 sbin
drwxrwxrwt      11 root      root       4096 Sep 11 17:32 tmp
drwxr-xr-x      19 root      root       4096 Aug  2 17:22 usr
drwxr-xr-x      20 root      root       4096 Apr 20 05:51 var
[wjy@linux /]$
```

这是的信息更全面。也可以和起来：

```
[wjy@linux /]$ ls -la
total 157
drwxr-xr-x      18 root      root       4096 Jun 23 16:38 .
drwxr-xr-x      18 root      root       4096 Jun 23 16:38 ..
-rw-------       1 root           root             40 Jun 23
16:38 .bash_history
drwxr-xr-x       2 root      root       4096 May 26 21:59 bin
drwxr-xr-x       3 root      root       1024 Sep 11 17:26 boot
drwxr-xr-x      14 root      root      81920 Sep 11 17:27 dev
drwxr-xr-x      39 root      root       4096 Sep 11 17:26 etc
drwxr-xr-x       7 root      root       4096 Sep 10 17:57 home
drwxr-xr-x       6 root      root       4096 Apr 20 05:48 lib
drwxr-xr-x       2 root           root          16384 Apr 20 05:21
lost+found
drwxr-xr-x       2 root      root          0 Sep 11 17:26 misc
drwxr-xr-x       4 root      root       4096 Sep  1 18:19 mnt
drwxr-xr-x       2 root      root       4096 Aug 24   1999 opt
dr-xr-xr-x      66 root      root          0 Sep 12   2002 proc
drwxr-x---      19 root      root       4096 Sep  1 19:23 root
drwxr-xr-x       2 root      root       4096 Apr 20 05:51 sbin
drwxrwxrwt      11 root      root       4096 Sep 11 17:32 tmp
drwxr-xr-x      19 root      root       4096 Aug  2 17:22 usr
drwxr-xr-x      20 root      root       4096 Apr 20 05:51 var
[wjy@linux /]$
```

3.2 常用 Linux 命令

Linux 有数以百计的命令，本节不打算逐一讨论。我们只能选择少数几个命令进行重点讨论。要学好 Linux 命令，除了要多学多用，还要掌握一些基本的原理，以便理解操作系统的行为，进而深刻理解 unix 类操作系统优秀的设计思想。

3.2.1 Linux 系统中目录的层次结构

我们上次学过 ls、cd、pwd 等几个命令，对文件系统的层次结构有所认识。当我们要开始工作的时候，比如要编程序或要运行一个软件包，总是要建立自己的文件。一般说，这个文件都要放在自己的主目录下。如果简单地把所有文件罗列在主目录下，当文件越来越多时，查找和使用起来就很困难。因此，要分门别类地放在不同的子目录下，形成目录树结构。

3.2.1.1　建立目录

为了建立目录，使用 mkdir 命令：
```
$ cd
$ mkdir text bin
```
第一个 cd 命令不带参数，表明首先回到主目录。接下来的 mkdir 命令带有两个参数，同时建立两个子目录 text 和 bin，这表明 mkdir 命令能同时带两个以上的参数。作为一般规则，linux 命令大多能带多个参数。

3.2.1.2　复制文件和目录

建立目录后，我们进行复制文件的操作，用 cp 命令：
```
$ cp /etc/passwd text/mypass
```
它把文件/etc/passwd 保存到 text 目录下并命名为 mypass。上面的最后一个参数也可以是一个目录名，这时前面可以有几个代表文件的参数，表明同时拷贝几个文件。
```
[wjy@linux wjy]$ cp /etc/motd /etc/passwd text
[wjy@linux wjy]$ cd text
[wjy@linux text]$ ls
motd    passwd
[wjy@linux text]$
```

3.2.1.3　删除目录

删除目录用 rmdir 命令：
```
[wjy@linux wjy]$ rmdir bin
[wjy@linux wjy]$ rmdir text
rmdir: `text': Directory not empty
[wjy@linux wjy]$
```

上面表明目录 text 是非空的，所以不能删除。这是出于安全考虑，防止误删文件，可以先用 rm 命令删除目录中的文件然后再删除目录。rm 命令有很多选项，一个是-f，表明强制删除文件，不用确认，也能用在目录上。另一个是-r，递归删除的意思，意思是说当删除某个目录时，先删除其子目录和文件，依次递归，最后删除该文件。这两个开关的组合，使 rm 成为一个强大的可怕的删除命令，不管是文件还是目录和是否为空，一次删除：

[wjy@linux wjy]$ rm -rf text
[wjy@linux wjy]$

3.2.2 文件系统

3.2.2.1 文件系统的层次结构

一般情况下，一个计算机有多个硬盘，每个硬盘有多个分区，还有软盘、光盘等存储设备，都存有文件。有一个问题要解决，系统怎样处理这些分区使用户能够使用他们。一个解决方案是每个存储设备有一个单独的根目录。但是 linux 系统不是这样的，因为我们只发现一个根目录，和单一的层次文件结构。

实际上，Linux 的每个硬盘分区都有一个文件系统，有独立的顶层目录和下面的层次结构。然后将这些文件系统组装在一起，形成统一的文件系统。方法是：把一个文件系统装配到另一个文件系统的一个子目录上，形成一个无缝的整体。

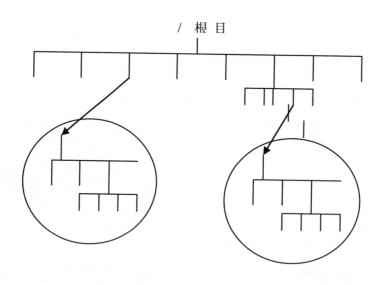

图 5-34 Linux 文件系统层次结构示意图

3.2.2.2　信息节点

　　每个硬盘分区格式化时将被划分成许多小块，每个小块叫 inode，信息节点，每个文件由若干信息节点组成。这些信息节点组成一个链表。只要找到开始的一个 inode，就可以找到整个文件。inode 是编号的，每个 inode 有一个唯一的编号。不管什么类型的文件，都可以由一个 inode 编号找到。一个目录实际上只是保存了所有子目录和文件的名称和 inode 号，它们形成一张表。我们把一个文件名和 inode 号的对应称为一个连接（link）。

　　有了这个概念后，我们不会对一个 inode 号对应几个文件名感到不理解了。这有两个明显的作用：可以节省空间和提供防止误删除的作用。

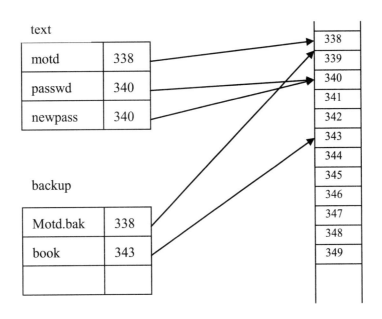

图 5-35 ext2 文件系统 inode 示意图

3.2.2.3　文件连接

　　可以用 ln 命令建立文件名到原来文件的连接：

　　[wjy@linux wjy]$ ln text/passwd text/newpass
　　[wjy@linux wjy]$ mkdir backup
　　[wjy@linux wjy]$ ln text/motd backup/motd.bak
　　[wjy@linux wjy]$
　　为了查看文件名和索引节点连接的情况，可以用带-i 开关的 ls 命令实现：
　　backup:
　　 672111 motd.bak

text:
   672111 motd   672107 newpass   672107 passwd
[wjy@linux wjy]$

如果改变 text/motd 文件的内容，backup/motd.bak 文件的内容也随之改变。因为他们是同一个文件。每一个文件系统有它自己的 inode 编号，所以，在不同的硬盘分区上 inode 号是不唯一的。这就说明，不同的分区的文件之间不能通过 ln 命令进行连接。

如果需要在不同的文件系统之间进行文件连接，需要用符号连接。符号连接是 Linux 的一种文件类型，它记录着提供连接的另一个文件的路径。所有读写文件的操作，都转向提供连接的文件，使用起来很是方便，只是会带来一些性能的损失，但是是微不足道的。符号连接的命令是 ln -s：

[wjy@linux wjy]$ ls -s backup text
backup:
   672858 motd2.bak   672111 motd.bak

text:
   672111 motd   672107 newpass   672107 passwd
[wjy@linux wjy]$

3.2.2.4　移动文件和目录

另外一个用来操纵 inode 的命令是 mv，这个命令用在同一个文件系统中，将目录连接从一处移动到另一处。它和 ln 类似，只是建立连接后删除原来的连接。

[wjy@linux wjy]$ ls -i backup text
backup:
   672858 motd2.bak   672111 motd.bak   672107 passwd.bak

text:
   672111 motd   672107 passwd
[wjy@linux wjy]$

如果在同一个目录下，mv 命令相当于改变文件的名字。和 cp 命令类似，mv 命令的第二参数可以是目录名，而第一个参数是多个文件的清单。

3.2.3　处理文件

本节主要介绍显示文件内容和对文件内容进行统计的命令。

3.2.3.1 显示文件内容

首先要介绍的命令是 cat，它是 concatenate 的缩写，表示把多个文件连接起来，在屏幕上显示。实际上不在使用连接文件的功能，主要用来显示文件的内容：

```
[wjy@linux wjy]$ cat text/motd
welcom linux
[wjy@linux wjy]$
```

该命令显示文件内容往往来不及看清，如果希望显示一屏后停下来，等待命令，用 more：

```
[wjy@linux wjy]$ more text/passwd
```

另一个和 more 类似，但功能更加强大的命令是 less。

如果想直接查看文件的头部，可以用 head 命令：

```
[wjy@linux wjy]$ head text/passwd
root:x:0:0:root:/root:/bin/bash
bin:x:1:1:bin:/bin:
daemon:x:2:2:daemon:/sbin:
adm:x:3:4:adm:/var/adm:
lp:x:4:7:lp:/var/spool/lpd:
sync:x:5:0:sync:/sbin:/bin/sync
shutdown:x:6:0:shutdown:/sbin:/sbin/shutdown
halt:x:7:0:halt:/sbin:/sbin/halt
mail:x:8:12:mail:/var/spool/mail:
news:x:9:13:news:/var/spool/news:
[wjy@linux wjy]$
```

默认显示 10 行，如果想改变，可以用 -n 开关：

```
[wjy@linux wjy]$ head -n5 text/passwd
root:x:0:0:root:/root:/bin/bash
bin:x:1:1:bin:/bin:
daemon:x:2:2:daemon:/sbin:
adm:x:3:4:adm:/var/adm:
lp:x:4:7:lp:/var/spool/lpd:
[wjy@linux wjy]$
```

只显示 5 行。也可以写成 -5。如果想查看文件的尾部，可以用 tail 命令，用法和 head 相同。

3.2.3.2 对文件内容进行统计

如果想对文件的行、单词、字符进行计数，用 wc 命令：

```
[wjy@linux wjy]$ wc text/passwd
      29       40     1094 text/passwd
[wjy@linux wjy]$
```

三个数分别表示行数、单词数和字符数。29 说明包含 29 行，系统中有 29 个账号。可以使用-l、-w、-c 开关中的一个分别只给出行数、单词数和字符数。

```
[wjy@linux wjy]$ wc text/passwd
      29       40     1094 text/passwd
[wjy@linux wjy]$ wc -l text/passwd
      29 text/passwd
[wjy@linux wjy]$ wc -w text/passwd
      40 text/passwd
[wjy@linux wjy]$ wc -c text/passwd
    1094 text/passwd
[wjy@linux wjy]$
```

3.2.4　目录和文件的属性

以前讲过，由于 Linux 是多用户多任务的操作系统，从安全方面考虑，每个文件和目录都有一组权限和它相联系。

3.2.4.1　显示文件属性

可以用 ls -l 命令查看文件属性：

```
[wjy@linux wjy]$ ls -l text
total 8
-rw-r--r--    2 wjy      wjy            13 Sep 18 14:51 motd
-rw-r--r--    2 wjy      wjy          1094 Sep 18 14:51 passwd
[wjy@linux wjy]$
```

上面的第一列表示属性。

对任意文件，所有用户可以分成 4 类：

root	系统的特权用户。
Owner	文件的拥有者
Group	和拥有者同组的人
World	无关的人

对 root 用户，他自动具有所有权限，所以，不用说明。对其他用户，可以有不同的操作文件的权限。对文件来讲，一个用户的权限为读、写和执行，对目录来讲，权限为读、写和搜索，上面属性中列出的分别是三类用户的三种权限。

3.2.4.2 改变文件属性

改变权限位用 chmod 命令，只有文件的所有人和 root 有权改变文件属性，其中文件的属性用三个 8 进制数表示：

```
[wjy@linux wjy]$ ls -l
total 12
drwxrwxr-x    2 wjy     wjy            4096 Sep 18 16:11 backup
drwxr-xr-x    3 wjy     wjy            4096 May   7 20:02 Desktop
drwxrwxr-x    2 wjy     wjy            4096 Sep 18 16:11 text
[wjy@linux wjy]$ chmod 654 backup
[wjy@linux wjy]$ ls -l
total 12
drw-r-xr--    2 wjy     wjy          4096 Sep 18 16:11 backup
drwxr-xr-x    3 wjy     wjy          4096 May   7 20:02 Desktop
drwxrwxr-x    2 wjy     wjy          4096 Sep 18 16:11 text
[wjy@linux wjy]$
```

属性位也可以用如下格式描述性的改变：[ogua][+=-][wrx…]，其中第一个括号表示谁对文件的属性需要改变，u 表示文件的用户，g 表示同组的用户，o 表示 other，非同组的用户，a 表示 all，所有用户。中间括号表示增加、设置成或去掉这种权限，最后一个括号表示权限，w、r、x 分别表示写入、读出和执行属性。例如：chmod a+x *，表示把所有文件对所有用户都增加执行属性。

3.2.5 其他命令

本节主要介绍进程的相关命令、磁盘空间的统计相关命令和如何查阅在线手册。

3.2.5.1 进程有关命令

系统中的可执行二进制文件保存在磁盘中，当被装入内存中执行，和运行环境结合在一起，就形成一个进程。每一个进程有一个唯一的进程识别号（process identify number），是一个整数。一个进程可以通过系统调用产生其他进程，成为子进程，而原来的进程是父进程。系统第一个运行的进程是 init 进程，他的进程号是 1，是所有其他进程的共同祖先。

可以用 ps 命令显示进程：

```
[wjy@linux wjy]$ ps
  PID TTY          TIME CMD
```

```
 897 pts/0      00:00:00 bash
6886 pts/0      00:00:00 ps
```
[wjy@linux wjy]$

可以用-l 开关显示更多信息:

[wjy@linux wjy]$ ps -l
```
 F S   UID   PID  PPID  C PRI  NI ADDR   SZ WCHAN  TTY
TIME CMD
100 S   500   897   841  0  69   0    -  578 wait4  pts/0
00:00:00 bash
000 R   500  6904   897  0  75   0    -  742 -      pts/0
00:00:00 ps
```
[wjy@linux wjy]$

而-x 开关可以列出系统中所有没有终端的进程,而-a 则列出系统中所有自己的进程和别人的进程。当然,查看其他的进程需要有相当的权限。

杀死一个进程用 kill 命令。

3.2.5.2 磁盘空间

最常用的命令是 df,它显示磁盘的使用情况:

[root@linux /root]# df
```
Filesystem        1k-blocks         Used     Available   Use%
Mounted on
/dev/hda5      5415812      1259400   3881304  25%      /
/dev/hda1        54416        3479     48128   7%    /boot
```
[root@linux /root]#

du 命令显示每个文件占有的磁盘空间。可能有一个很长的清单,要计算总数,用 du -s 命令。

以前讲过,linux 使用内存交换技术。要统计内存的使用情况,用 free 命令。

[wjy@linux /]$ free
```
        total     used    free   shared   buffers   cached
Mem: 94504    92640    1864   0        27380    27736
-/+ buffers/cache:      37524      56980
Swap:    200772      136      200636
```
[wjy@linux /]$

实时监视内存的使用情况,用 top 命令,它每隔几秒显示一次系统信息。

3.2.5.3　手册页

由于 Linux 有众多的命令供使用，每个命令有大量的开关，把这些都准确地背下来是不可能的。如果临时想查阅某个命令的使用方法，可以用 man 命令查阅手册页。

[wjy@linux wjy]$ man ls

手册页分成不同的节，man 命令从第一节开始依次查找所有的节，但只显示最先找到的节。可以用-n 命令显示某节中的内容：

[wjy@linux wjy]$ man -5 passwd

也可以用-a 命令显示所有的节。

思考和练习

1. 用 man 命令详细阅读 ls、cp、cd 等常见命令的用法，体会 Linux 命令的复杂和强大。
2. 研究 top 命令，从而得出自己计算机的运行状态。
3. 通过 man page 研究 find 命令，给出从一个复杂的目录结构中查找某个文件的方法。
4. 通过互联网查阅资料，研究 ram disk 文件的作用和格式。研究你自己的 linux 安装中 boot 目录下的 initrd 文件，怎样才能修改文件中的内容呢？
5. 在 ext3 文件系统中，文件的属性和权限发生了较大变化，请查阅相关资料，给出详细的说明。
6. 查阅资料，给出一种在 Linux 环境下访问 NTFS 分区的方法。
7. 给出在 Linux 下能够完全存取和操作 fat32 分区的方法，这种分区也正是大部分 windows 下的移动存储设备和磁盘分区的格式。

第四章 vi 的使用

Linux 的使用不仅要熟练掌握常用的命令，还要学会一些常用的软件包。正文编辑程序是常用的软件包。如果你已经熟练掌握了一种编辑软件，你一般会继续使用下去；如果你现在还不会用任何一种正文编辑软件，我们强烈推荐你学习使用 vi。vi 是标准的 UNIX 屏幕编辑软件，所有的类 UNIX 环境都提供 vi 或其代用品。又由于它设计成只使用标准的打字机键盘，不依赖任何特殊键，使它能用在任何环境下。虽然 vi 不是一个自由软件，但在 linux 下有几种 vi 的代用程序，它们是完全兼容的。只要学会了基本的命令，使用任何一种都一样容易。下面我们用 vi 代表任何与 vi 兼容的程序。

Vi 工作在被编辑文件的一个副本上，也就是说，任何对文本的改变，都不是直接发生在文件本身，只有保存命令后，才发生实际的改变。Vi 是一个全屏幕编辑程序，这意味着屏幕显示是被编辑文档的一部分。

vi 进入程序的方法是：

$ vi filename

其中 filename 是被编辑的文件的文件名。Vi 编辑程序有三种工作方式，如图 6-36 所示，分别是编辑方式、命令方式和插入方式。当进入编辑程序后，就可以发出各种命令，进入命令方式。

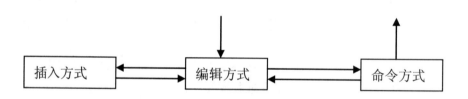

图 6-36 vi 编辑方式选择

4.1 编辑方式

当进入 vi 程序，就进入了编辑方式。在编辑方式下，主要工作是操纵光标移动到要求的位置、删除正文、剪切正文、复制正文、粘贴正文等操作。在编辑方式下，许多字母和字母键的组合具有特定的功能，并且 vi 是区分大小写的。比如，ZZ 命令是退出编辑程序的意思，但是一定保证输入的是大写字母，不是 zz。

4.1.1 光标定位

如果键盘上有上、下、左、右箭头键，可以用它们移动光标。如果没有，则用如下字母键控制光标移动。

k 上移
j 下移
h 左移
l 右移

ctrl-f 上移一页
ctrl-b 下移一页

H 光标移动到屏幕的起始行
M 光标移动到屏幕的中间行
L 光标移动到屏幕的最后一行

w 光标移动到下一个字的开头
e 光标移动到下一个字的末尾
b 光标移动到上一个字的开头
0 光标移动到本行的开头
^ 光标移动到本行开头的第一个非空字符
$ 光标移动到本行的末尾

4.1.2 搜索字符串

/string 向后搜索
?string 向前搜索
n   继续搜索

4.1.3 替换、删除

rc 用c替换当前字符
x 删除当前字符
dw 删除光标右面的字
db 删除光标左面的字
dd 删除当前行

上述命令可以用前面加数字 n 的方法重复。其他常用的删除命令：

d$　　删除光标到行末尾

d0　　删除光标到行开头

J　　　删除本行的回车符，和下行合并

4.1.4　剪切和粘贴

p　　　粘贴到后面

P　　　粘贴到前面

yy　　拷贝当前行到缓冲区

其中 yy 可以加数字表示拷贝若干行。

4.1.5　撤消和重复

u　　　撤消

.　　　重复

4.2　插入方式

退出插入方式用 ESC 键，如果键盘上没有或不支持该键，用 ctrl-[键。进入插入方式的命令很多：

i　　　在光标左边插入

a　　　在光标右边插入

o　　　在光标下边插入新行

O　　　在光标上边插入新行

I　　　在光标行的开头插入

A　　　在光标行的末尾插入

还有一些正文替换命令，实际上是先删除再进入插入模式：

s　　　用新正文替换当前字符

cw　　用新正文替换光标右边的字

cb　　用新正文替换光标左边的字

cd　　用新正文替换当前行

c$　　用新正文替换当前行中光标到行末的内容

c0　　用新正文替换当前行中光标到行初的内容

4.3 命令方式

4.3.1 退出命令

:q   在未做修改时退出。
:q! 修改后退出，不存盘。

4.3.2 文件

:w   保存文件
:wq 存盘退出
:w file 存盘，文件名为 file
:r file 将文件插入当前光标行后
:e file 编辑新文件 file
:f file 将当前文件名改为 file
:f   打印当前正文的名称和状态

4.3.3 行号使用

用命令 :n 跳到行号为 n 的行。
命令前加行号表示命令执行的范围。
:234
:234w file
:3,8w file
:1,.w file
:.,$w file
:.,.+4w file
:1,$w file

4.3.4 字符串搜索

将字符串加在"/"、"？"中间：
:/string/
:?string?
:/str1/w file
:/str1/,/str2/w file

4.4 规则表达式

用特殊符号表示字符串匹配的规则：

^ 行的开头

$ 行的末尾

\< 单词开头

\> 单词末尾

. 任意单词

[abc] 字符中任意一个

[^abc] 不是字符中的字符

[a-d] a-d 任一字符

* 任意个前面字符

\ 取消后面字符的特殊含义

4.4.1 正文替换

: s 命令用来替换字符串。

:s/str1/str2/ 用 str2 替换行中首次出现的 str1

:s/str1/str2/g 用 str2 替换行中所有的 str1

:.,$ s/str1/str2/g 用 str2 替换当前行到文件末尾的所有的 str1

:1,$ s/str1/str2/g 用 str2 替换当前行到文件末尾的所有的 str1

:g/str1/s/str2/g 用 str2 替换当前行到文件末尾的所有的 str1

4.4.2 删除正文

除了在编辑方式下删除正文，还可以在命令方式下删除正文：

:d 删除当前行

:3d 删除当前以下 3 行

:.,$d 删除当前行直到末尾的所有行

:/str1/,/str2/d 删除从 str1 到 str2 的所有行

4.5 编辑程序的选项和运行系统命令

在 vi 内部有许多变量来控制编辑程序的行为，可以用 set 命令设置：

:set option

Linux 使用的是和 vi 兼容的编辑程序 vim，较重要的选项有：

autoindent	自动缩进，用 noautoindent 关闭。
number	显示行号，用 nonumber 关闭。
tabstop	一个 tab 键跳过的空格数，用 ;set tabstop=n 设置。

当处于编辑状态时，可以运行系统命令，然后返回。

| :!command | 执行 command 命令然后返回。 |

思考和练习

1. 阅读"c editing with VIM HOWTO"这篇文章（网址：http://www.linux.org/docs/ldp/howto/C-editing-with-VIM-HOWTO/index.html），建立一个适合自己习惯的 c 编辑环境。
2. 尝试使用 gedit 和 nano 等编辑器，比较它们和 vim 的异同。

第五章　shell 环境和程序设计

　　从一开始 UNIX 就被设计成有利于程序员扩展的操作系统，Linux 秉承了 UNIX 的特点，所以有很多兼容的、各具特色的 shell 程序。

　　在早期的 UNIX 阶段，Ken Thopson 编写了最初的 shell，作为 UNIX 文件系统的一部分分发。在其后的发展中，Steven Bourne（同是 AT&T 的工程师）掌握并推广了它，它也被称为 Bourne shell。其后一代 shell 是由 vi 的作者 Bill Joy 开发的。受 c 语言的影响，增加了许多新特色，尤其是首次引入作业的概念，使用户一次可以运行多个应用程序。这个 shell 被称为 C shell。这是现在仍然被广泛使用的一个 shell。后来，另一位 AT&T 的软件奇才 David Korn 开发了 bsh 的改进版，被称为 Ksh。另外还有 tcsh、msh、rsh、jsh 等特殊用途的 shell 程序可用。

5.1　bash

　　我们介绍的 bash，它也被幽默地称作"Bourne Again" shell，是 shell 程序的 GNU 实现，并且具有许多特色。

5.1.1　bash shell 的基本特点

　　bash 很好地继承了 UNIX 下其他 shell 的特点，又具有自己的独特之处。下面具体介绍 bash 的操作环境。

5.1.1.1　环境变量

表 7-1 bash 中重要的环境变量

HOME	个人的起始目录，在 passwd 文件中指定。也是不带参数的 cd 命令回到的目录。
SHELL	这是你使用的 shell 程序的名称。当 vi 等程序运行用户命令时，首先查找此变量，来引用相应的 shell 程序。
USER	用户的登录名。
PATH	每个命令都是一个程序，当用户输入命令名时，shell 就在 PATH 变量指明的目录中查找可执行文件。
LOGNAME	是 USER 的同义词，由于历史的原因，这两个名称被不同的程序使用。

shell 程序的许多行为取决于系统定义的环境变量。显示环境变量用 env 命令，

或用 echo 命令。表 7-1 就是几个比较重要的环境变量。

5.1.1.2 文件名扩展

我们知道，可以用通配符表示文件名。例如：

　　ls –l a*

其中星号用来表示任何字符串。实际上，ls 命令看不到任何*的情况，因为参数在传给 ls 命令之前，已经被 shell 扩展成原来的文件名。

另外的一个通配符是？，它表示任何一个单个字符：

　　ls /dev/tty?

出来匹配单个字符外，还允许出现字符的清单，用方括号表示：

　　ls /dev/hda[1234567]

或者用"–"表示匹配的范围：

　　ls /dev/hda?[1-7]

还有一种文件名扩展情况是给出文件名清单：

　　mkdir /tmp/{abc,def,ghi}

shell 程序将自动进行扩展，执行 mkdir /tmp/abc /tmp/def /tmp/ghi 命令。

有时提供给 shell 的一条命令包含特殊字符，需要提醒 shell 不管特殊字符的含义，只把它当作普通字符对待。Shell 提供三种方法：转义字符、单引号、双引号。

任何放在转义字符"\"下的特殊符号，shell 都不会再管它的特殊含义。如：

　　touch abc

　　mv abc a*\?

文件名被改为 a*?。

如果将字符串放在单引号之间，任何特殊含义的字符的特殊含义将被抑制：

　　mv 'a*?' abc

如果将字符串放在双引号之间，则任何路径扩展的通配符的特殊含义被抑制：

　　mv abc "a*?"

还有一些尚未见到的特殊字符，放在双引号之间，其特殊含义也不会被抑制。

5.1.1.3 输入、输出重定向

linux 命令通常是从键盘读取输入，同时把输出显示到屏幕上。有时从文件中输入和输出到文件中也很有用。让命令包含这些功能是容易的，但会增加可执行文件的长度。

为了避免这种情况，shell 提供了一种重定向功能。如：

　　ls –l / >dir

命令前半边产生根目录的长清单，在正常情况下，显示到屏幕上。但由于有了">"

后面的文件名，前半边命令的输出被送到文件中。如果文件不存在，将创建该文件。如果存在，将被改写。

实际上，ls 命令根本就不知道后半部分的存在，是 shell 截取了它的输出，重定向到文件中。

有时候，希望将重定向的内容追加到文件中，这是用"＞＞"符号：

    ls –l / >>dirfile

错误输出和标准输出是不同的，要把它重定向到文件，需要"2>"符号：

    ls –l / 2>errfile

如果想把两个都重定向到同一文件，用"&>"符号：

    ls –l / &>file

标准输入也可以来自文件，这需要"<"符号：

    wc </etc/passwd

有 shell 处理小于号后面的部分，wc 命令不知道文件的存在，认为来自键盘。

还有一种输入重定向成为 here 文档。它告诉 shell 标准输入来自命令行：

    $ wc <<delim
    > this is a test for here document
    >a new line
    >delim

wc 命令将处理两个 delim 字符串之间的内容。

5.1.1.4　管道

有时需要将一个命令的输出传给另外命令作输入，这种情况很广泛。这可以用管道的功能。

管道用"｜"表示：

    ls –l | wc –l

管道不限于两个命令，可以是任意多个命令的组合，相临命令用管道连接。

5.1.2　bash 高级属性

5.1.2.1　作业

可以把某个命令放在后台执行，shell 马上给出提示符，接受新命令。这只需命令后加&即可：

    ls –lR / >dir&

这时，命令不应该有显示输出，否则它会自动跳到前台执行。也不要有输入，否则它会被系统挂起。

5.1.2.2　作业控制

shell 为每一个运行的命令分配一个作业号，当多个命令组合在一起时，将按一个命令对待。shell 允许通过作业号对作业进行控制。

为了挂起前台的作业，只需输入 ctrl-z。可以用 jobs 命令显示作业清单：

```
$ cat >file
ctrl-z
[1]+ stopped                    cat>file
$jobs
[1]+ stopped                    cat>file
```

作业控制主要有三个命令：bg、fg、kill。

bg 命令是把程序放在后台运行。缺省情况是对前一个作业起作用。可以用 bg %n 指出作业号 n。

fg 命令和 bg 类似，只是把作业放前台运行。

结束作业用 kill 命令：

```
kill %n
```

其中 n 是作业号。

当有作业被挂起时，不允许退出系统。

5.1.2.3　历史表

在 linux 系统上，经常需要重复键入同一个命令。为了避免重复，shell 程序利用历史表记录了大约 500 行命令。可以用 history 命令查看历史表。

历史表中的记录都有一个记录号。可以用历史替换操作符和记录号引用相应记录。

```
$ !500
```

如果重复使用上一个命令，用"！！"即可。

另外，可以用上下箭头查找过去的命令，如果需要改动，还可以编辑。

还有许多复杂的使用历史表的方法，但如果方法太复杂，还是从新输入一个命令比较好。

5.1.2.4　命令补全

bash 还有一项功能，就是能把没有输入完整的命令补充完整。这只需要按 tab 键即可：

```
$pass<tab>
```

系统自动把命令补全为 passwd。

如果你输入的字符太少，不足以让 shell 知道应该的命令，它将发出报警声。再一次按 tab 键，shell 会列出可能补全的命令清单。

5.1.2.5　shell 函数

用 shell 函数存储一组可以执行的命令。shell 函数的定义形式如下：

name( ) { list; }

其中 name 为函数名称，而 list 为要执行的命令清单，命令之间用分号隔开。
如：

$ll() {ls -l;}

就能用 ll 代表 ls -l 的功能。

有了 ll 的定义，可能回认为可以用 ll -a 来执行 ls -la 的功能，可惜不行。
正确的方法是改变 ll 的定义：

$ll() {ls -l $*;}

$*表示 ll 后面的可能参数。

以后将对$*作进一步的讨论。

可以定义 lswc 函数：

$ lswc(){ ls $* >/tmp/dir;wc -l</tmp/dir;rm /tmp/dir;}

也就是说，函数可以用任何命令和管道行分开。

5.2 管道中的过滤器

Linux 中的每一个命令往往设计成只能干好一件事情。但是，把各种命令结合起
来就会形成功能强大的功能。标准 UNIX 中设计有一系列对标准输入、输出进行处理
的命令，它们一般通过管道进行操作，可以进行功能强大的文档处理命令。

5.2.1　基本过滤命令

5.2.1.1　用 uniq 进行重复行的处理

有时一个文件中包含重复的信息，或者有许多重复的空行。为了整理这些文件或
减小这些文件的长度、便于阅读，可以用 uniq 命令。uniq 命令功能主要是能够去
掉标准输入中的重复行。它实际上是将读到的每一行和前面的一行进行比较，如果两
行一样，uniq 就不列出这一行。还有一些选项可供选择，使输出特殊的效果：-u，
仅列出未重复的行；-d，仅列出重复的行；-c，计算每行重复的次数。如果参数中含
有文件名，uniq 就从文件中读取输入，否则就从标准输入中读取输入，当然也能从
管道中读取。

```
$ cat abc abc abc 显示 abc 中的内容三次。
$ cat abc abc abc |uniq 将三次显示中重复的行去掉。
$ cat abc abc abc |uniq -c 计算每行出现的次数。
```

5.2.1.2 用 sort 命令排序

sort 是最有用的工具之一，它的功能是把输入的行按字母顺序排序，然后输出。它有一些有用的选项，如表 7-2 所示：

表 7-2 sort 命令的选项

参数	功能
-b	忽略开头的空行
-d	按字典顺序排序
-f	不区分大、小写
-k s1,s2	用 s1 字段到（s2-1）字段作为排序键
-n	按数字顺序排序
-r	反序
-t s	字段的分割字符为 s，而不是空格

以上选项还可以组合使用。

$ ls –1|sort –f

ls -1 命令按一列列出文件，经过 sort -f 的处理后按文件名的字母顺序排列，不区分大小写。

$ ls –s |sort –n

ls -s 列出文件且首先显示文件的大小。经 sort -n 处理后则将它们按数字大小排列。这个命令可以让你找出你的目录中哪个文件最大。如果为了此目的反序显示将更好：

$ ls –s|sort –nr

如果输出很多行，还可以不用输出全部行：

$ ls –s|sort –rn|head –5

$ ls –s|sort –k3,4 –r

用第三字段作为排序的键。

上面例子表明，简单的、易于理解的命令，但却能组合出强大的功能。

5.2.1.3 用 grep 命令搜索文件

grep 命令用来从特定的文件中或从标准输入中查找含有某个字符串的行。字符串可以是前面讲过的规则表达式。据说，grep 命令的来源是"global"、"regular expression"、"print"，即全局的、规则表达式、显示的缩写，就成了"grep"。

grep 命令包含许多有用的选项，这里只介绍几个比较常用的，更深入的研究将在后面进行。

表 7-3 grep 命令选项

参数	功能
-c	仅列出匹配的行数
-i	不区分大小写
-l	仅列出文件名称
-n	同时显示行号

在 grep 中使用的规则表达式和 vi 中使用的相同。下面列出使用的特殊字符和它们的含义：

^　　行的开头

$　　行的末尾

\<　　单词开头

\>　　单词末尾

.　　任意单词

[abc]　　字符列表中任意一个字符

[^abc]　　不是字符列表中的字符

[a-d]　　a-d 中任一字符

*　　任意个前面字符

\　　取消后面字符的特殊含义

要记住 vi 和 grep 中使用规则表达式的差异。在 vi 编辑程序中，输入的任何字符只被编辑程序本身看到和使用。而 grep 命令看到的任何参数必须先经过 shell。由于在规则表达式中使用的特殊字符对 shell 同样具有特殊的含义，所以要告诉 shell：不要扩展这些字符的意义，这样，grep 才有机会见到它们。所以，规则表达式要用单引号包括起来。

　　$ grep '^root' /etc/passwd

找出用 root 开头的所有行。

　　$ grep '\<bash\>' /etc/passwd

找出包含 bash 单词的行。

　　$ ls –l|grep '...x..x..x'

找出对任何用户都有执行权的文件。

5.2.1.4　sed 命令改变输入输出

sed 命令从输入读取信息，经过编辑后输出。实际上，s 代表流（stream），ed 代表编辑（edit），就是流编辑器的意思。sed 命令有许多种，包含许多没有用处的选项和许多无用的变种。下面通过例子介绍一些常用的用法。其中常用的命令和 vi 中的命令相似。

$ ls –l |sed '4,$d'

ls -l 命令列出目录文件，sed '4,$d'删除从第四行到末尾的所有输出。文本范围的表示方法和 vi 程序中的表示方法相同。

这和处理完成后退出 sed 命令有相同的效果：

$ ls –l|sed 3q

处理完 3 行后退出 sed 命令。

可以用–n 开关禁止 sed 的输出，这是应该用 p 命令明确指出哪一行应该输出：

$ ls –l|sed –n 4,5p

显示 ls -l 命令显示的第 4 行和第 5 行。

一个常用的命令是 s，它的用途是用一个新字符串代替老的字符串，其格式如下：

[scope]s/expr/new/flags

其中[scope]是一个表示范围的表达式，并且是可选的。expr 是用来搜索的规则表达式，new 是取代规则表达式的正文字符串。而 flag 是下面清单中的选项：

g   全局标志，expr 的每次出现都被取代。

p   输出所有发生取代的当前行

w file   将发生取代操作的当前行输出到文件 file 中，如果文件不存在，则建立新文件。

$ sed '1,$s/:x:/:off:/w bak' passwd

该命令把所有字符串:x:该成:off:，并且把所有改动的行输出到 bak 文件中。

$ ps –x|sed 's/tty/con/g'

把所有的 tty 改成 con。

下面举一个新例子。假定系统的 shell 程序升级了，需要用户试用。这就要把 /bin/sh 和 /bin/bash 改成新版本 /usr/local/bin/sh 和 /usr/local/bin/bash。命令如下：

$ cat /etc/passwd|sed 's?/bin/.*sh$?/usr/local&?'

需要说明几点。首先，搜索的表达式包括“/”字符。这一个字符常用做替换操作的分割符。实际上，sed 允许你使用任何一对分割符，这里是“?”。其次，表达式中的“$”符号表示在行的末尾匹配。因此，“/bin/.*sh$”表示行尾的“/bin/sh”或“/bin/bash”。最后，表达式中的&表示被匹配的字符串，即表示“/bin/sh”或“/bin/bash”。所以，上面的意思是把行尾的“/bin/sh”或“/bin/bash”替换成“usr/local/bin/sh”或“usr/local/bin/bash”。

还有一个字符转换操作命令 y。字符转换的基本含义是提供两个字符串，让字符串 1 中的每个字符和字符串 2 中的每个字符一一对应。在搜索的范围内，把所有字符串 1 中出现的字符，替换成字符串 2 中相应的字符。

$ cat /etc/passwd|sed '/root/y/:0/%z/'

把：用%代替，0 用 z 代替。

如果 y 前面加!，表明在所有未被选中的行进行替换，而不是选中的行。如：

$ cat /etc/passwd|sed '/root/!y/:0/%z/'

5.2.1.5　用 tr 命令进行字符替换

在需要进行字符替换时，tr 命令比 sed 的 y 命令方便，它是一个真正的过滤程序，它从标准输入读取正文，输出到标准输出。

tr str1 str2

其中，str1、str2 是字符串，在 str1 中的字符被转换成 str2 中的字符。例如：

$ tr A-Z a-z

把所有大写字母转化成小写字母。

-c 开关的作用是用所有不在 str 中的字符代替 str，下面的命令把所有的非字母和数字的字符转换成空格：

$ tr –c A-Za-z0-9 ' '

这个命令的副作用是留下许多连在一起的空格，需要把它们压缩成单个空格。这需要和 -s 开关连用，它的功能是将 str2 中的任何字符的连续出现替换成为一个字符，如：

$ tr –cs A-Za-z0-9 ' '

如果只是想把某些字符的连续出现压缩成单个字符，可以用 -s 开关：

$ tr –s str1

一些特殊的字符无法直接放在字符串中，需要提供特殊的标记。这里采用和 c 语言相同的标记方法：

\b	退格字符
\n	换行符
\r	回车符
\t	tab 字符
\\	\字符

还有一个开关表示删除，-d：

$ tr –d str

它表示删除所有包含在 str 中的字符。

5.2.1.6　用 cut 和 paste 命令操作列

cut 命令用来取给出的一行中的某个字段。其中的字段分割符用 -d 开关指定，字段数用 -fn 指定，其中 n 是字段数。如：

$ cut –d: -f1 /etc/passwd

取口令文件的第一列。

也可以用–b 开关指定字节位置：

　　ls –l |cut –b1-20

表示只取 ls -l 命令输出中每一行的 1-20 个字符。

下面举例说明怎样取得时间显示中的秒数。

　　$ date

先压缩空格：

　　$ date|tr –s ' '

再取当天的时间：

　　$ date|tr –s ' '|cut –d' ' –f4

再取秒数：

　　$ date|tr –s ' '|cut –d' ' –f4|cut –d: -f3

另外一种解决办法是考虑到秒字段在显示中处在固定的字节位置（18-19 字节），我们用–b 开关：

　　$ date|cut –b18-19

paste 命令将两个文件合并成一个，把相同行的字段拼接在一起：

　　$ cut –d: -f1 /etc/passwd>p1

　　$ cut –d: -f6 /etc/passwd>p6

　　$ paste p1 p6

5.2.1.7　用 tee 命令记录流水线

tee 命令拷贝输入到输出，同时在文件中留一个备份。

　　$ who |tee who.out

　　$ ls –l|awk '{print $5"\t"$9}'|sort –rn|tee bigfiles|head –5

屏幕上仅仅显示 5 行，但文件 bigfiles 中却保留了所有文件的列表。

5.2.2　awk 编程

sed 命令虽然能对流中的字符进行编辑，但真正强大的是 awk 命令，它是一个分析和操作含有单词的文本文件的编程套件。它是 UNIX 过滤器中最强大的一个。awk 的意思是几个编者的名字：Aho、Weinberger 和 Kernighan。awk 最初在 1977 年完成。1985 年发表了一个新版本的 awk，它的功能比旧版本增强了不少。如果使用 C 或 Pascal 等语言编写程序完成上述的任务会十分不方便而且很花费时间，所写的程序也会很大。

awk 不仅仅是一个编程语言，它还是 Linux 系统管理员和程序员的一个不可缺少的工具。awk 语言本身十分好学，易于掌握，并且特别的灵活。

gawk 是 GNU 计划下所做的 awk，gawk 最初在 1986 年完成，之后不断地被改进、更新。gawk 包含 awk 的所有功能。在 Linux 中也能使用 awk 命令，因为往往有一个指向 gawk 的符号连接。

使用该程序的一般方法是：awk '{command}'，awk 可能有两个开关：-f 表示从文件而不是从命令行中读取输入；-Fc 表示用字母 c 当作信息域间的分割符，而不是空白符的缺省情况。其输入可以是流或者文件。

先学习 awk 命令的基本用法，这就是 print 命令。它没有参数时，它将一行一行的打印文件，因为 awk 是按行处理的：

$ who|awk '{print}'

每一行都分成不同的域，每个域都有一个标号。大多数情况下，字段之间由一个特殊的字符分开，像空格、TAB、分号等。这些字符叫做字段分隔符。如果你没有指定其他的字符作为字段分隔符，那么 gawk 将缺省地使用空格或 TAB 作为字段分隔符。但你可以在命令行使用 - F 选项改变字符分隔符，只需在 - F 后面跟着你想用的分隔符即可。

每个字段用 $n 表示。

$ who | awk '{print $1}'

还可以提供其他打印信息：

$ who| awk '{print "User " $1 " is on terminal " $2}'

不能对 print 中参数引用使用单引号，因为和整个程序中的单引号冲突。

查找每个用户使用的 shell：

$ cat /etc/passwd|awk –F: '{print $1" has "$7" as a login shell"}'

这个命令对有的行是不能得到正确的结果的，因为，有可能出现空域，引起 awk 的混淆。解决的办法是 awk 提供一个代表行中域数目的变量 NF，它也是最后一个域的标号。如：

$ who|head 3|awk '{print $NF}'

对/etc/passwd 最后一个域感兴趣，则应该使用$NF 参数：

$ cat /etc/passwd|awk –F: '{print $1" used "$NF" as a login shell"}'

NR 和 NF 相似，它显示记录或行的数目。

$ ls –l|awk '{print NR":"$0}'

可以看出 0 域是行。

gawk 语言中有几个十分有用的内置变量，现在列于下面：

NR 已经读取过的记录数。

FNR 从当前文件中读出的记录数。

FILENAME 输入文件的名字。

FS 字段分隔符（缺省为空格）。

RS 记录分隔符（缺省为换行）。

OFMT 数字的输出格式（缺省为% g）。

OFS 输出字段分隔符。

ORS 输出记录分隔符。

NF 当前记录中的字段数。

print 命令显示的信息中，可以插入特殊字符进行格式控制：\n，生成一个回车符；\t，生成一个制表符。如：

```
$ ls –lF|awk '{print $9"\t"$5}'
```

下面列出常用的换码控制符：

\a 警告或响铃字符。

\b 后退一格。

\f 换页。

\n 换行。

\r 回车。

\t tab。

\v 垂直的 tab。

awk 可以用来计算数字的总和。先显示每个文件所占字节数：

```
$ ls -l|awk '{print $5}'
```

如何把它们加起来？先建立一个新变量，并每次相加后输出。在 gawk 中，你不必事先声明变量类型，变量可以和字段和数值一起使用：

```
$ ls –l|awk '{totalsize=totalsize+$5;print totalsize}'
```

还可以表示为：

```
$ ls –l|awk '{totalsize+=$5;print totalsize}'
```

还可以用 tail 得到最后一行：

```
$ ls –l|awk '{totalsize=totalsize+$5;print totalsize}'|tail –1
```

最好用下面的方法：

```
$ ls –l|awk '{totalsize+=$5}END{print totalsize}'
```

END 的用法是表示其后的语句在所有语句执行后才执行。如果用 BEGIN 则在所有语句执行前执行该语句。上面还可写为：

```
$ ls –l|awk '{totalsize+=$5} END {print "You have a total of
"totalsize" bytes used across "NR" files."}'
```

当后面的程序太长时，可以先写入文件中，然后用-f 选项指出文件名。

```
$ ls –l|awk –f script
```

awk 是一个真正能够进行脚本编程的语言，它提供基本的流程控制和基本的函数，如 length()能返回字符数。下面举例说明怎样统计含有特定字符数的账户名的分布，先把程序存储在 awkscript 中：

```
{
    count[length($1)]++
}
END{
    for(i=0;i<9;i++)
        print "There are "count[i]" accounts with "i" letter
names,"
    }
```

执行命令：

```
$ awk –F: -f awkscript</etc/passwd
```

如果找出账号长度 4 字符的所有账号：

```
$ awk –F: '{if(length($1)==1) print $0'</etc/passwd
```

下面详细说明控制语句的一些语法。if 表达式的语法如下：

```
if (expression){
commands
}
else{
commands
}
```

例如：

```
# a simple if loop
if ($1 == 0){
print "This cell has a value of zero"
}
else {
printf "The value is %d\n", $ 1
}
```

再看下一个例子：

```
# a nicely formatted if loop
if ($1 > $2){
print "The first column is larger"
}
else {
print "The second column is larger"
}
```

while 循环的语法如下：

```
while (expression){
commands
}
```

例如：

```
# interest calculation computes compound interest
# inputs from a file are the amount, interest_rateand years
{var = 1
while (var <= $3) {
printf("%f\n", $1*(1+$2)^var)
var++
} }
```

for 循环的语法如下：

```
for (initialization; expression; increment) {
command
}
```

例如：

```
# interest calculation computes compound interest
# inputs from a file are the amount, interest_rate and years
{for (var=1; var <= $3; var++) {
printf("%f\n", $1*(1+$2)^var)
} }
```

next 指令用来告诉 gawk 处理文件中的下一个记录，而不管现在正在做什么。语法如下：

```
{ command1
command2
command3
next
command4
}
```

程序只要执行到 next 指令，就跳到下一个记录从头执行命令。因此，本例中，command4 指令永远不会被执行。

程序遇到 exit 指令后，就转到程序的末尾去执行 END，如果有 END 的话。

复杂的 gawk 程序常常可以使用自己定义的函数来简化。调用用户自定义函数与调用内部函数的方法一样。函数的定义可以放在 gawk 程序的任何地方。用户自定义函数的格式如下：

```
function name (parameter-list) {
body-of-function
}
```

name 是所定义的函数的名称。一个正确的函数名称可包括一系列的字母、数字、下标线(underscores)，但是不可用数字作开头。parameter-list 是函数的全部参数的列表，各个参数之间以逗点隔开。body-of-function 包含 gawk 的表达式，它是函数定义里最重要的部分，它决定函数实际要做的事情。

下面这个例子，会将每个记录的第一个字段的值的平方与第二个字段的值的平方加起来。

```
{print "sum =", SquareSum($1, $2)}
function SquareSum(x, y) {
sum=x*x+y*y
return sum
}
```

到此，我们已经知道了 gawk 的基本用法。gawk 语言十分易学好用，例如，你可以用 gawk 编写一段小程序来计算一个目录中所有文件的个数和容量。如果用其他的语言，如 C 语言，则会十分的麻烦，相反，gawk 只需要几行就可以完成此工作。

最后，再举几个 gawk 的例子：

```
gawk '{if (NF > max) max = NF}
END {print max}'
```

此程序会显示所有输入行之中字段的最大个数。

```
gawk 'length($0) > 80'
```

此程序会显示出超过 80 个字符的每一行。

```
gawk 'NF > 0'
```

显示拥有至少一个字段的所有行。这是一个简单的方法，将一个文件里的所有空白行删除。

```
gawk 'BEGIN {for (i = 1; i <= 7; i++)
print int(101 * rand())}'
```

此程序会显示出范围是 0 到 100 之间的 7 个随机数。

```
expand file | gawk '{if (x < length()) x = length()}
END {print "maximum line length is " x}'
```

此程序会将指定文件里最长一行的长度显示出来。expand 会将 tab 改成 space，所以是用实际的右边界来做长度的比较。

```
gawk 'BEGIN {FS = ":"}
{print $1 | "sort"}' /etc/passwd
```

此程序会将所有用户的登录名称，依照字母的顺序显示出来。

```
gawk '{nlines++}
END {print nlines}'
```

此程序会将一个文件的总行数显示出来。

```
gawk 'END {print NR}'
```

此程序也会将一个文件的总行数显示出来，但是计算行数的工作由 g a w k 来做。

```
gawk '{print NR, $ 0 } '
```

此程序显示出文件的内容时，会在每行的最前面显示出行号，它的函数与 ' cat -n' 类似。

5.3 Shell 程序设计

我们已经学习了 Shell 交互式命令行强大的功能：输入输出重定向、管道、文本信息的处理、命令行编辑等。这只是其功能的一个方面。另一方面，Shell 还提供强大的编程能力，用解释语言编写满足你的要求的命令。这些 Shell 程序称为 Shell Script，或译为 Shell 脚本程序。

其实许多命令就是一个脚本程序。

5.3.1　建立和运行 shell 程序

为了避免重复执行某些操作的烦琐和提高效率，可以把需要重复执行的命令写入一个文件，然后执行这个文件就行了。这就是 shell 编程。例如，我有一个光驱，设备文件是/dev/cdrom，我需要经常安装和拆卸（mount 和 umount）它，用命令：

```
mount -t iso9660 /dev/cdrom /mnt/cdrom
umount /dev/cdrom
```

可以把上面的 mount 命令写成一个命令文件 mtcd，并用如下命令使之具有可执行权限：

```
chmod +x mtcd
```

然后你就可以用如下命令代替上面的烦琐的 mount 命令安装光盘：

```
./mtcd
```

现在送入路径名是必须的。如果你经常使用 shell script 程序，可以把它们放在专门的目录下，并在那里执行它们。如果只限于你自己使用，可以放在自己的主目录下的 bin 目录下。如何在不输入目录名的情况下从当前目录下直接执行这些命令呢？后面将给出办法。

前面讲过，linux 系统可以有几种不同种类的 shell 程序，而我们如何指定使用哪一个外壳来解释执行外壳脚本呢？几种基本的指定方式如下所述：

1）如果外壳脚本的第一个非空白字符不是"#"，则它会使用缺省的 shell。

2）如果外壳脚本的第一个非空白字符是"#"，但不以"#!"开头时，则它会使用缺省的 shell 外壳。

3）如果外壳脚本以"#!"开头，则"#!"后面所跟的字符串就是所使用的外壳的绝对路径名。在 linux 中，经常指定使用/bin/bash 外壳。

shell 脚本不仅是重复命令操作的简单重复，而且提供程序设计所需的各种特性，只是解释执行罢了。

5.3.2　shell 程序变量

就像其他的任何高级语言一样，在外壳脚本中使用变量也是十分重要的。对 shell 讲，变量只是内存单元中赋予名称的一些存储单元。它们保存一串字符串作为它的值。

5.3.2.1　给变量赋值

给变量赋值的方法是在变量名后跟着等号和变量值。例如，想要把 5 赋给变量 count，则使用如下的命令：

count=5 （注意，在等号的两边不能有空格）

因为外壳语言是一种不需要类型检查的解释语言，所以在使用变量之前无须事先定义，这和 C 或 Pascal 语言不一样。这也说明你可以使用同一个变量来存储字符串或整数。为字符串赋值的方法和为整数赋值的方法一样。例如：

name=Garry

5.3.2.2　读取变量的值

可以使用$读取变量的值。例如，用如下的命令将 count 变量的内容输出到屏幕上：

echo $count

还有一种更普遍的表示方法，就是把变量名用花括号括起来，再加"$"符号。这虽然麻烦一些，但是你如果需要把变量名和后面的其他符号区分开来，则这是唯一的方法。如：

yourname = "smith"

echo ${yourname}_1

屏幕上显示 smith_1。

5.3.2.3　位置变量和其他系统变量

位置变量用来存储外壳程序后面所跟的参数。第一个参数存储在变量 1 中，第二个参数存储在变量 2 中，依此类推。这些变量为系统保留变量，所以你不能为这些变量赋值。同样，你可以使用$来读取这些变量的值。例如，你可以编写一个外壳程序 reverse，执行过程中有两个变量，输出时，将两个变量的位置颠倒。

#program reverse, prints the command line parameters out in reverse order

echo "$2" "$1"

在外壳下执行此外壳程序：

reverse hello there

其输出如下：

there hello

除了位置变量以外，还有其他的一些系统变量，下面分别加以说明：

有些变量在启动外壳时就已经存在于系统中，你可以使用这些系统变量，并且可以赋予新值：

HOME 用户自己的目录。

PATH 执行命令时所搜寻的目录。

TZ 时区。

MAILCHECK 每隔多少秒检查是否有新的邮件。

PS1 shell 命令行的提示符。

PS2 当命令尚未打完时，shell 要求再输入时的提示符。

MANPATH man 指令的搜寻路径。

这正是以前讲过的 bash 环境变量。其中的 PATH 环境变量存储一系列目录名，指示系统如何寻找一个命令的位置。如果我们希望某个目录下的命令输入时不用指明路径名，只要把存储命令的子目录名加到 PATH 中即可：

$$PATH=\${PATH}:\${HOME}/bin$$

有些变量在执行 shell 程序时系统就设置好了，并且你不能加以修改：

\# 存储 shell 程序中命令行参数的个数。

? 存储上一个执行命令的返回值。

0 存储 shell 程序的程序名。

* 存储 shell 程序的所有参数。

\$ 存储 shell 程序的 PID。

! 存储上一个后台执行命令的 PID。

5.3.2.4 特殊符号的转义

在外壳编程中，同样会用到特殊符号转义字符，单引号 "'"、双引号 """" 和反斜杠 "\" 都用作转义。这三者之中，双引号的功能最弱。当你把字符串用双引号括起来时，外壳将忽略字符串中的空格的特殊含义，但其他的字符都将继续起作用。双引号在将多于一个单词的字符串赋给一个变量时尤其有用。例如，把字符串 hello there 赋给变量 greeting 时，应当使用下面的命令：

greeting="hello there"

这两个命令将 hello there 作为一个单词存储在 greeting 变量中。如果没有双引号， bash 将产生语法错。单引号的功能则最强。当你把字符串用单引号括起来时，外壳将忽视所有单引号中的特殊字符。例如，如果你想把登录时的用户名也包括在 greeting 变量中，应该使用下面的命令：

greeting="hello there \$LOGNAME"

这将会把 hello there root 存储在变量 greeting 中，如果你是以 root 身份登录的话。但如果你在上面使用单引号，则单引号将会忽略\$符号的真正作用，而把字符串 hello there \$LOGNAME 存储在 greeting 变量中。

使用反斜杠是第三种使特殊字符发生转义的方法。反斜杠的功能和单引号一样，只是反斜杠每次只能使一个字符发生转义，而不是使整个字符串发生转义。请看下面的例子：

greeting=hello\ there

在命令中，反斜杠使外壳忽略空格的特殊含义，从而将 hello there 作为一个单词赋予变量 greeting。当你想要将一个特殊的字符包含在一个字符串中时，反斜杠就会特别地有用。例如，你想把一盒磁盘的价格\$5.00赋予变量 disk_price，则使用如下的命令：

```
disk_price=\$5.00
```

如果没有反斜杠，外壳就会试图寻找变量 5，并把变量 5 的值赋给 disk_price。

5.3.2.5　命令替换

可以用命令的输出赋值给变量，这时需要把命令用符号 "`" 括起来，例如：

```
$ now = `date`
$ echo $now
```

这时，变量 now 的值就是命令 date 输出的字符串。注意符号 "`" 和单引号 "'" 的区别。

也可以用括号把命令括起来，前面加 "$" 符号表示命令替换：

```
$ now= $(date)
```

5.3.3　语句和表达式

5.3.3.1　数值和逻辑表达式

算术表达式是由字符串以及运算符所组成的，每个字符串或是运算符之间必须用空格隔开。下面列出了运算符的种类及功能，运算符的优先顺序以先后次序排列，可以利用小括号来改变运算的优先次序。

* 乘法
/ 除法
% 取余数
+ 加法
– 减法

当 expression 中含有*、(、)等符号时，必须在其前面加上 "\" 符号，以免被 shell 解释成其他意义。

显示算术表达式的值可以用 expr 命令，运算结果输出到标准输出设备上。其命令格式为：

```
expr expression
```

例如：

```
expr 2 \* \( 3 + 4 \)
```

输出结果为 14。

也可以用符号 "$" 计算表达式的值。

test 命令用来测试逻辑表达式。其用法如下：

```
test expression
```

或者

```
[ expression ]
```

`test` 命令可以和多种系统运算符一起使用。这些运算符可以分为四类：整数运算符、字符串运算符、文件运算符和逻辑运算符。

1) 整数运算符

       `int1 -eq int2` 如果 `int1` 和 `int2` 相等，则返回真。

       `int1 -ge int2` 如果 `int1` 大于等于 `int2`，则返回真。

       `int1 -gt int2` 如果 `int1` 大于 `int2`，则返回真。

       `int1 -le int2` 如果 `int1` 小于等于 `int2`，则返回真。

       `int1 -lt int2` 如果 `int1` 小于 `int2`，则返回真。

       `int1 -ne int2` 如果 `int1` 不等于 `int2`，则返回真。

2) 字符串运算符

       `str1 = str2` 如果 `str1` 和 `str2` 相同，则返回真。

       `str1 != str2` 如果 `str1` 和 `str2` 不相同，则返回真。

       `str` 如果 `str` 不为空，则返回真。

       `-n str` 如果 `str` 的长度大于零，则返回真。

       `-z str` 如果 `str` 的长度等于零，则返回真。

3) 文件运算符

       `-d filename` 如果 `filename` 为目录，则返回真。

       `-f filename` 如果 `filename` 为普通的文件，则返回真。

       `-r filename` 如果 `filename` 可读，则返回真。

       `-s filename` 如果 `filename` 的长度大于零，则返回真。

       `-w filename` 如果 `filename` 可写，则返回真。

       `-x filename` 如果 `filename` 可执行，则返回真。

4) 逻辑运算符

       `! expr` 如果 `expr` 为假，则返回真。

       `expr1 -a expr2` 如果 `expr1` 和 `expr2` 同时为真，则返回真。

       `expr1 -o expr2` 如果 `expr1` 或 `expr2` 有一个为真，则返回真。

       这些表达式大多数用在 `if` 和 `while` 命令中。

5.3.3.2 if 语句

`bash` 支持嵌套的 `if...then...else` 表达式。`bash` 的 `if` 表达式如下：

```
if [ expression ]
then
commands
elif [ expression2 ]
then
```

```
commands
else
commands
fi
```

elif 和 else 在 if 表达式中均为可选部分。elif 是 else if 的缩写。只有在 if 表达式和任何在它之前的 elif 表达式都为假时，才执行 elif。fi 关键字表示 if 表达式的结束。if 检查条件句中最后语句的执行状态。如果是 0（真），执行后面的 commands 语句，否则（非 0 或假），执行后面的条件。有任一个条件分支被执行，程序将转到 fi 后面的语句去执行。在一般情况下，Linux 程序成功时返回 0，失败时返回非 0（不一定是-1）。但也有少数例外，如 diff 命令，比较两个文件，相同返回 0，不同返回 1，出错返回 2。如果需要，应该精确判断命令返回代码的具体值，上一个命令执行的返回值在变量$?中存储，供程序访问。bash 也允许使用&&和||操作符，大致可理解为逻辑"与"和逻辑"或"，但是并不完全相同，比如：

```
if cd /home/usr1/dir1
then
        if cp file1 bak/file1
        then
            #something to do
        fi
fi
```

这样写能够保证如果 cd 命令失败，就不会执行 cp 命令。上面的代码可以写成：

```
if cd /home/usr1/dir1 && cp file1 bak/file1
then
        #something to do
fi
```

上面的代码同样能够保证 cd 命令不能完成时不执行 cp 命令。

更复杂的条件应该用 test 命令或条件表达式给出，下面给出文件测试的例子：

```
echo $1
if [ -w $1 ]; then
        echo "you have write permission"
else
        echo "you don't have write permission"
fi
```

5.3.3.3 case 语句

case 表达式允许你从几种情况中选择一种情况执行。shell 中的 case 表达式的功能要比 Pascal 或 C 语言的 case 或 switch 语句的功能稍强。这是因为在

shell 中，你可以使用 case 表达式比较带有通配符的字符串，而在 Pascal 和 C
语言中你只能比较枚举类型和整数类型的值。bash 的 case 表达式如下：

```
case string1 in
str1)
commands;;
str2)
commands;;
* )
commands;;
esac
```

在此，将 string1 和 str1、str2 比较。如果 str1 和 str2 中的任何一个和
strings1 相符合，则它下面的命令一直到两个分号（；；）将被执行。如果 str1
和 str2 中没有和 strings1 相符合的，则星号（*）下面的语句被执行。星号是缺
省的 case 条件，因为它和任何字符串都匹配。注意两个分号，它和 C 语言中 switch
语句中的 break 语句相同。

下面是 bash 环境下 case 表达式的一个例子。它检查命令行的第一个参数是否
为-i 或-e。如果是- i，则计算由第二个参数指定的文件中以 i 开头的行数。如果
是- e，则计算由第二个参数指定的文件中以 e 开头的行数。如果第一个参数既不是-
i 也不是- e，则在屏幕上显示一条错误信息。

```
case $1 in
- i )
count=`grep ^i $2 | wc -l `
echo "The number of lines in $2 that start with an i is $count"
; ;
- e )
count='grep ^e $2 | wc -l'
echo "The number of lines in $2 that start with an e is $count"
; ;
* )
echo "That option is not recognized"
; ;
esac
```

5.3.3.4　for 语句

bash 中有两种使用 for 语句的表达式。第一种形式是：
```
for var1 in list
do
```

```
commands
done
```

在此形式时，对在 list 中的每一项， for 语句都执行一次。List 可以是包括几个单词的、由分割符分隔开的变量，也可以是直接输入的几个值。每执行一次循环，var1 都被赋予 list 中的当前值，直到最后一个为止。分割符通常是空格，也可以用 IFS 变量预先指定。

第二种形式是：

```
for var1
do
statements
done
```

使用这种形式时，对变量 var1 中的每一项，for 语句都执行一次。此时，外壳程序假定变量 var1 中包含外壳程序在命令行的所有位置参数。

一般情况下，此种方式也可以写成：

```
for var1 in "$*"
do
statements
done
```

在 DOS 下，你可以用 copy *.doc *.txt 给所有以 doc 为后缀的文件改扩展名为 txt，但是在 Linux 下却没有一个好办法实现这一操作。可以用下面的程序弥补 Linux 的不足：

```
for docfile in *.doc
do
        cp $docfile {docfile%.doc}.txt
done
```

上例中使用的*.doc 将被 bash 扩展成一个文件的序列，而操作符"%"表明将要从后面寻找子串".doc"，并去掉第一个匹配到结尾的部分。

下面是一个在 bash 环境下的又一个例子。此程序可以以任何数目的文本文件作为命令行参数。它读取每一个文件，把其中的内容转换成大写字母，然后将结果存储在以 .caps 作为扩展名的同样名字的文件中。

```
for file
do
tr a-z A-Z < $file >$file.caps
done
```

5.3.3.5 while 语句

while 语句是另一种循环语句。当一个给定的条件为真时，则一直循环执行下面的语句直到条件为假。在 bash 环境下，使用 while 语句的表达式为：

```
while expression
do
            command
done
```

下面是在 bash 中 while 语句的一个例子。程序列出所带的所有参数，以及它们的位置号。

```
count = 1
while [ -n "$*" ]
do
echo "This is parameter number $count $1"
shift
count=`expr $count + 1`
done
```

其中 shift 命令用来将命令行参数左移一个位置。 shift 命令也可以带参数，用来表明一次移动的参数个数，如 shift 3，表明命令行参数左移 3 个。

5.3.3.6　until 语句

until 语句的作用和 while 语句基本一样，只是当给定的条件为假时，执行 until 语句。until 语句在 bash 中的写法为：

```
until expression
do
commands
done
```

让我们用 until 语句重写上面的例子：

```
count = 1
until [ -z "$*" ]
do
echo "This is parameter number $count $1"
shift
count='expr $count + 1'
done
```

在应用中，until 语句不是很常用，因为 until 语句可以用 while 语句重写，而后者是在高级语言中常用的。并且 until 会浪费更多的资源。

5.3.4 子函数及其他

5.3.4.1 子程序

shell 语言可以定义自己的函数，就像在 C 或其他语言中一样。使用函数的最大好处就是程序更为清晰可读。bash 的函数特性，是其他 shell 函数功能的一个扩充版本。它执行速度更快，因为 shell 函数已经装入内存。下面是如何在 bash 中创建一个函数：

```
func () {
shellcommands
}
```

或者写为：

```
function func () {
shellcommands
}
```

使用函数时，只需输入以下的命令：

```
fname [parm1 parm2 parm3 ...]
```

你可以传递任何数目的参数给一个函数。函数将会把这些参数视为位置参数。请看下面的例子。此例子包括四个函数：upper ()、lower ()、print () 和 usage_error ()，它们的任务分别是：将文件转换成大写字母、将文件转换成小写字母、打印文件内容和显示出错信息。upper ()、lower ()、print () 都可以有任意数目的参数。如果将此例子命名为 convert，你可以在 shell 提示符下这样使用该程序：convert -u file1 file2 file3。

程序 7-1：转换文件大小写的 bash 程序

```
#function upper begin
upper () {
shift
for i
do
tr a-z A-Z <$1 >$1.out
rm $1
mv $1.out $1
shift
done; }
#function lower begin
lower () {
shift
```

```
for i
do
tr A-Z a-z <$1 >$1.out
rm $1
mv $1.out $1
shift
done; }
#function print begin
print () {
shift
for i
do
lpr $1
shift
done; }
usage_error () {
echo "$1 syntax is $1 <option> <input files>"
echo ""
echo "where option is one of the following"
echo "p — to print frame files"
echo "u — to save as uppercase"
echo "l — to save as lowercase"; }
#next is the main begin.
case $1
in
-p)
print $@;;
-u)
upper $@;;
-l)
lower $@;;
*) usage_error $0;;
esac
```

5.3.4.2 输入与输出

首先需要指出，以前讲过的管道、输入输出重定向等在 shell 程序设计中仍然能够使用，提供输入输出方法。下面举例说明 here 文档输入重定向的用法。语法如下：

```
command<<label
input...
label
```

这个语法的意思是 command 命令将使用两个 label 之间的内容作为输入。ftp
程序是一个使用 here 文档很好的例子。下面的程序使用 here 文档编写 ftp 脚本：
程序 7-2：应用 here 文档的 bash 程序

```
#! /bin/bash
USER=anonymous
PASS=abc@cun.edu.cn
ftp -i -n <<END
open freesoft.cei.gov.cn
user $USER $PASS
cd /pub
ls
close
END
```

上面脚本中，ftp 命令开关-i 表示非交互模式，-n 表示关闭自动登录。脚本首
先打开一个会话通向中国自由软件库，然后用事先定义的$USER、$PASS 变量发送登
录序列，一旦登录成功，它就将目录改变到标准的公共 ftp 目录 pub，然后执行 ls
命令。最后关闭会话。

变量输出用 echo 命令，前面已经说过。这里给出两个命令开关，一个是-e 开关，
它用于启动转义字符如'\n'、'\t'等的应用。另一个是-n，它用来取消加在输出行
后面的新行。

处理字符串输入，需要 read 操作符。它的语法是：

```
read var1 var2 ...
```

read 从标准输入读入若干个字符串，分别赋值给 var1、var2、...。也可以没
有变量，这时，输入字符串存储在系统变量$REPLY 中。在交互式应用中，通常和 echo
命令一起使用，有 echo 命令实现提示，如：

```
echo -n "enter your name"
read name
echo "your name is $name"
```

用 read 的-p 选项，可以同时完成提示功能。如：

```
read -p "enter your name" name
echo "your name is $name"
```

5.3.4.3 信号处理

一般情况下，我们都能通过 ctrl-c 中断 Linux 程序的运行。这是因为 Linux

核心程序接到键盘信息后，给相应的进程发送了信号。发送信号的方法还有通过 Linux 命令 kill，它的用法如下：

kill [-sig] pid

其中 sig 是信号号码，pid 是程序进程号。如果没有信号号码，缺省情况是发送信号 15。Linux 支持 30 多种信号，常用的如表 7-4：

表 7-4 常用 Linux 信号：

信　　号	数　　值	说　　明
hangup	1	推出登录时，系统发信号给你所有正在运行的进程，强制进程结束。
interrupt	2	键盘输入 ctrl-c 引起的中断程序操作的信号
quit	3	从键盘输入 ctrl-\产生的退出信号
kill	9	不能忽略的强制结束进程信号。
alarm	14	系统调用 alarm() 结束时发送的信号。
terminate	15	kill 命令缺省发送的信号。

一个进程接收到信号时可能采取的方法有三种：

1) 忽略信号。

2) 执行特定的一段程序处理信号。

3) 接受默认的行为。

当执行的进程是 linux shell 脚本程序时，脚本程序也有办法截获这些信号，作出自己的响应。这需要 trap 命令：

trap "command" signal_list

它为列出的信号指定处理命令 command，如果省略 command，如：

trap signal_list

表示恢复信号的默认操作。如果 command 为空串，说明不指定任何操作，当信号到来时不做任何反映，即忽略信号。如：

trap "" signal_list

下面程序捕获信号 INT（ctrl-c）显示一个提示，同时捕获 TERM 信号，同样显示一个提示。而主程序是一个死循环。sleep 命令的含义是暂停程序执行特定的时间。

```
#! /bin/bash
trap "echo 'Do not interrupt me!'" INT
trap "echo 'Do not murder me!'" TERM
echo "$0\n's PID is $$"
while true
do
        sleep 3
done
```

思考和练习

1. 怎样用一个命令显示你系统中用户的数目？
2. 通过一个命令显示你系统中所有用户的用户名和主目录。
3. 如何通过一个脚本程序,除掉 c 源代码中所有注释,并统计有效的程序行数？
4. 写一个脚本程序，自动删除某目录中一天之前产生的文件。
5. 在题目 4 中，如何让程序自动进行子目录结构的搜索，从而提高清除旧文件的自动化程度？
6. 查阅资料，研究 csh 和 bash 的区别。

第六章 C 语言编程环境简介

在 Linux 操作系统下，GNU 为 Linux 下的程序设计提供了编译和项目管理环境。GNU 的 C 语言编译程序套件是 gcc，它能够编译 C，C++，Objective C 编写的程序。此外，在其他模块（g77）的支持下它也能编译 FORTRAN 程序，而对于更多语言的支持，如 Pascal，Modula-3，Ada 9X 等的编译前端也在开发当中。gcc 支持多个软硬件平台和交叉编译，即支持在一个平台下编译另一个平台下的软件。这为程序的移植提供了巨大的便利。我们可以轻易地在常见的 Intel 平台上编译为 Power PC，MIPS，ARM 等平台编写的程序。这也是 Linux 迅速被移植到众多平台上的原因。甚至在 Linux 下可以用 gcc 为 Atmel 公司出品的 8 位单片机 AVR 编写 C 语言程序。

C 语言是 Linux 下编程的核心语言，从本章开始，我们学习在 Linux 下进行 C 语言编程的知识。但是，C 语言的基本语法和标准函数我们假定大家已经掌握了，这里不再赘述。如果需要，请查看有关书籍。

6.1 第一个 C 程序

为了学习如何在 Linux 下编写 C 语言程序，我们首先编写了如下例子，以增加感性认识。这个例子是一个光荣传统，所有讲编程的作者几乎都是从这里开始的。

```
    /*hello.c the famous example c program*/
#include <stdio.h>

int main(void)
{
    printf("Hello, the world!\n");
    return 0;
}
```

可以用下面的命令产生可执行程序并执行它：

```
$ gcc –o hello hello.c
$ ./hello
Hello, the world!
```

上面的第一行是让 gcc 编译源文件 hello.c，并对产生的编译结果进行连接，最后生成可执行文件，-o 选项的功能是告诉连接程序生成的可执行文件名为 hello。上面的过程并不是一次完成的，gcc 实际上分步完成上面的工作：首先调用预处理程序 cpp 来处理源文件中的宏和预定义，并在其中插入包含文件内容；然后把预处理后的文件编译成目标代码；最后连接程序 ld 创建一个名称为 hello 的可执行二进制程序。

上面的过程我们可以明确的让 gcc 分步执行，每一步手工输入命令让 gcc 完成特定的工作。首先，使用-E 选项让 gcc 预编译完成后停止工作：

```
$ gcc -E -o hello.cpp hello.c
```

这是查看 hello.cpp 的内容，可以了解预处理程序的功用。下面使用-c 选项让 gcc 只对源文件进行编译：

```
$ gcc -x cpp-output -c hello.cpp
```

这里的-x 选项告诉 gcc 不必从预处理程序开始，直接进入编译阶段。这里不用告诉 gcc 输出文件的名称，它自动把源文件的名称后缀去掉，改为.o 作为输出文件的名称，本例中输出文件是 hello.o。

最后，连接目标文件生成可执行文件：

```
$ gcc -o hello hello.o
```

幸亏可以通过一个 gcc 命令代替这么冗长的操作。不过，分步操作也是经常有用的，比如，编译库文件就不需要生成可执行文件，即不需要连接的操作；而当一个程序由许多源文件组成时，往往分别编译每一个源文件，然后在最后连接所有目标文件。

6.2 GNU C 编译和连接

gcc 是 Linux 开发的基础，具有强大的功能。程序员能在编译的任何阶段停住编译过程查看输出信息，gcc 也可以处理不同风格的程序，比如，ANSI C 或传统风格（Kernighan and Ritchie）C，Objective C，C++等。它能根据要求对不同用途的代码进行优化，产生不同风格的代码。特别是在编译核心时非常有用。在 gcc 编译的文件中还可以加入对可执行文件进行调试的大量信息，为程序的调试提供方便。下面将介绍 gcc 的特性和使用方法。

6.2.1 gcc 命令行选项

前面一节中大概讲了 gcc 开关-c、-E、-x、-o 的含义和用法。我们这里再讲一些有用的开关。首先是-v，它简单地显示所用的 gcc 版本信息。

```
$ gcc -v
Reading                              specs                              from
/usr/local/lib/gcc-lib/i686-pc-linux-gnu/3.0/specs
Configured with: ./configure
Thread model: single
gcc version 3.0
```

上面是我的系统上的输出。在你的系统上输出的可能不同。最后一行显示版本信息，我用的是 3.0 版本。

如果你的程序中包含文件存在于某个特殊的目录中，这需要用-Idirname 告诉

gcc。同样,如果需要指定库文件的搜索目录,则用-Ldirname开关。上面的dirname都是指目录的名称。注意 dirname 前面没有空格。如果希望指明连接程序要连接的库文件的具体名字, 用-llname 选项, 其中 lname 指出要连接的库的名称为liblname.so。关于库文件的细节下面还要详细讨论。

要让 gcc 产生调试信息,用-g 选项,其调试信息包含在最终的二进制可执行文件内。如果要让可执行程序中包含专门针对 GNU 的 debugger 才能识别的大量调试信息,应该用-ggdb 选项。注意,包含调试信息的可执行文件将会变得非常大,也许大得出乎人的想象。例如,上面的 hello.c 程序,我们分别编译成三个可执行文件,hello 无调试信息,hell1 包含标准调试信息,hello2 包含只有 gdb 才认识的专门调试信息:

```
$ gcc –o hello hello.c
$ gcc –o hello1 –g hello.c
$ gcc –o hello2 –ggdb hello.c
$ ls –l
total 64
-rwxr-xr-x      1 root      root           13602 Nov    4 18:09 hello
-rwxr-xr-x      1 root      root           21782 Nov    4 18:10 hello1
-rwxr-xr-x      1 root      root           19938 Nov    4 18:10 hello2
-rw-r--r--      1 root      root             135 Nov    4 00:08 hello.c
```

gcc 能够优化你的代码,这需要-On 选项,其中 n 是 0、1、2、3 之一,用来指出优化的等级。但是,优化需要更长的编译时间和编译期间更多的内存。-O1 是对代码长度和时间进行优化,和-O 效果相同。-O2 包含所有 O1 的优化,同时包括妥善安排处理器的时序,使得即使在等待其他指令的结果或告诉缓存的输出时仍有指令执行,当然其实现同处理器平台有关。-O3 包括所有 O2 优化,但包括循环展开和更多的处理器相关的优化。对于一般的程序,优化的效果甚微,即使需要, O2 选项也已足够。

6.2.2 函数库和头文件

C 语言开发环境应该包含一些标准函数的实现,这是由标准函数库实现的。GNU C 提供的标准函数库是 libc.so,现在常用的有版本 5 和版本 6,即 libc.so.5 和 libc.so.6,具体使用哪一个版本由你使用的系统决定。C 语言的标准库函数都包含在这个实现里,如果你的程序只使用标准函数,可以不必指出使用的函数库,因为 libc.so 被缺省的连接到程序。如果你使用了标准函数之外的函数,就必须用-1 选项告诉 gcc 你使用的函数库。如程序 pmath.c 中使用了数学函数 sin(),必须连接数学库 libm.so。

```
#include <stdio.h>
#include <math.h>
```

```
int main(void)
{
double x,y;
x=0.5;
y=sin(x);
printf("sin(0.5) is %f\n",y);
return 0;
}
```
必须用如下命令编译和连接：

  $ gcc pmath.c –o pmath –lm

想了解函数库的详细内容，请参阅机械工业出版社的《The GNU C Library Reference Manual》一书。

一般情况下，gcc 采用动态连接。就是说，连接时只记录包含函数的库文件名称，在运行时才真正把库文件装入内存，实现动态连接。之所以这样安排，是为了节省宝贵的内存资源。因为许多程序都使用相同的库文件，所以运行时只需要装入库文件一次，所有使用的程序都共享库文件中的代码。但是也会带来问题。突出的一点是，当你的程序的用户没有你的程序必须的库文件时，你的程序将不能执行。为了避免这种境地，你可以采用静态连接，也就是把库文件中的函数代码真正包含进你的程序中。静态连接使用-static 选项，比如，程序 curseapp.c 使用了终端控制的函数库 ncurses，可以使用静态连接，避免用户系统中不含有 ncurses 时你的程序无法执行的问题：

  $ gcc curseapp.c –o curseapp –lncurses –static

6.2.3　GNU C 扩展

GNU 的 C 语言除了完全支持标准 C 语法外，还有许多自己的扩充。当然，使用这些特性会在某种程度上损害程序的可移植性，如果可移植性对你不很重要的话，你完全可以使用这些特性来使你的程序性能得到提升。

首先是语法方面，GNU 的 switch 语句中条件句 case 可以采用区间进行指定，如果这时的参量是整数的话。例如：

```
int i;
.......
switch(i){
        case 0 ... 2:
            /* something to deal with [0,2]*/
            break;
        case 3 ... 5:
            /* something to deal with [3,5] */
```

```
        default:
                /* default code here */
    }
```

这段程序与下面的东西等价：

```
int i;
......
switch(i){
        case 0:
        case 1:
        case 2:
                /* something to deal with [0,2] */
        case 3:
        case 4:
        case 5:
                /* something to deal with [3,5] */
        default:
                /* default code here */
```

这只是一点形式上的扩充。还比如 long long 类型，在 x86 平台上，如下的声明：

```
long long longint;
```

表明 longint 是一个 64 位的整数变量。而在标准的 C 语言中，没有元变量是 64 位类型。这也是一种趋势，在 ISO 的新标准中包含了 long long 类型。

gcc 还从 c++ 上借鉴了内联函数。如果一个函数用 inline 关键字声明，它就会像宏一样嵌入到调用代码中间，以减少函数调用的开销。内联函数在函数调用时编译器要进行参数检验，所以比宏要安全。但是，编译时至少选用-O 选项才能使用内联函数。

gcc 还通过语法的扩展来方便优化工作。比如 attribute 关键字，它用来指出函数调用的性质，比如，有些函数不需要返回值，库函数中有 exit()和 abort()，我们可以定义函数 exitonerror()，如果出错，调用此函数，退出系统。因为该函数没有返回值，用下面的声明，就可以产生优化的代码：

```
void exitonerror(void) __attribute__((noreturn));
```

但定义时和往常一样：

```
void exitonerror(void)
{
        /* something to run on exit */
        exit(1);
}
```

attribute 也可以对变量指定属性。如下面的语法指定变量内存分配按字对齐：

```
int var __atrribute__((aligned 16));
```

这和编译控制指令 pragma 相同：

#pragma pack(1)

该声明表明以后的变量以字节对齐。

6.3 GNU make 项目管理

通过上面的介绍，知道通常编译一个文件需要很多的选项。如果一个项目包含的源代码文件较多，比如 Linux 内核，包含数百个源代码文件，把它编译成一个二进制文件，需要很复杂的过程。GNU 提供了项目管理工具 make，能够解决这个问题，使程序员能集中精力于代码编写，不用为项目的编译过多地浪费精力。

使用 make 实际上有两个原因：编译每一个源代码文件的命令行可以写在 make 文件中，不用重新输入，避免了烦琐和错误。另外，make 可以根据依赖规则只对需要重新编译的源文件进行编译，这样可以节省编译时间。

make 运行时首先查找名为 GNUmakefile 的文件，其次是 makefile 或 Makefile，只要找到任何一个，就会以它的内容为依据，进行编译工作。一般 Linux 程序员都采用 Makefile 文件。下面的工作主要讨论 make 文件的编写方法。

6.3.1 编写 make 文件

make 文件是一个文本文件，由一些规则组成，这些规则加在一起，组成产生最终文件的方法。每一个规则由三部分组成：目标，依赖文件，命令列表。就像下面这样：

```
target : dep1 dep2 dep3 [...]
        command1
        command2
        ...
```

上面的 target 就是目标文件，是要生成的文件。dep1 dep2 dep3 等是生成目标文件需要依赖的文件。就是说，生成目标文件必须 dep1 dep2 dep3 等依赖文件存在并且是最新的。下面的 command1、command2 等是生成目标文件需要的命令列表。需要注意的是，每一个命令前面必须是制表符，不能用空格代替，否则 make 会出错。这些听起来很抽象，下面举一个例子说明：

```
ipphone : ipphone.o
    gcc -o ipphone ipphone.o
ipphone.o : ipphone.c ipphone.h
    gcc -c ipphone.c
ctl : ctl.o
    gcc -o ctl ctl.o
ctl.o : ctl.c ipphone.h
```

```
gcc -c ctl.c
```
上面的文件包含 4 条规则。目标文件 ipphone 依赖文件 ipphone.o，如果 ipphone.o 不存在或者比较旧，就需要首先生成文件 ipphone.o。如果 ipphone.o 较新，不需重新生成，就比较目标文件 ipphone 和依赖文件 ipphone.o 的新旧。如果目标文件 ipphone 比较旧或者不存在，就要重新生成。要生成 ipphone 文件，需要执行下面的命令 gcc -o ipphone ipphone.o。怎样知道文件的新旧呢？make 程序只是简单地比较目标文件和依赖文件的时间。比如，我们修改了文件 ctl.c，它的时间就会变得较新。按照上面的规则，ctl.o 文件就会重新生成。这时 ctl.o 文件又会变得较新，按照规则，ctl 文件又会重新生成。make 就是按照描述的规则管理项目的编译和连接的。这是自动化的思想。可是，make 是否要检查 make 文件中所有的规则呢？如果 make 命令行中没有包含规则名，就会检查所有规则。如果包含规则名，就只检查相应规则和相联系的规则。比如，只想生成最新的 ctl 文件，需要用命令 make ctl 即可。make 会检查 ctl 和其依赖的文件是否最新，如果是就不再做任何操作，否则重新编译生成最新文件。

6.3.2 伪目标

有时候目标不一定是一个文件。比如，下面的规则：
```
all : ctl ipphone
```
因为 all 并不是一个实际存在的文件，所以总是要被认为需要执行该规则。但该规则并不包含任何命令。所以，make all 只是起一个检查 ctl 和 ipphone 的作用。

在另外的情况下，不仅目标文件不是真正的文件，而且没有依赖文件。比如：
```
clean :
    rm -f *.o
```
因为没有依赖文件，所以缺省的情况下总不会被执行。但是执行 make clean 时，就会执行下面的命令 rm -f *.o 用来清除所有编译过程的中间文件。这对软件的重新编译很有用。

这会带来一个问题。如果恰好存在一个文件名字是 all 或 clean，那会怎么样呢？对于 all，不会带来什么影响，但是对于 clean，就会影响命令的执行。这时，需要使用 make 的特殊目标 .PHONY，.PHONY 目标的相关文件的含义和通常一样，但是不检查文件是否存在，而直接执行文件规则。
```
.PHONE : clean
clean :
    rm -f *.o
```

6.3.3 变量

为了对 make 文件的编辑和维护更加方便，可以在 make 文件中定义和使用变量。

和 shell 程序一样，make 文件中的变量内容实际上是一个字符串，定义和使用的规则同 shell 程序差不多。比如：

CC=gcc -c

使用变量时和 shell 程序类似，用括号把变量名括起来，前面加$符号。

$(CC) source.c

和 gcc -c source.c 有相同的作用。如果变量定义时引用了自己，make 会把它递归展开，从而引起问题，如：

CC=gcc

CC=$(CC) -o

上面的语句目的是让 CC 定义为 gcc -o，不幸的是，make 会把 CC 的定义不断地带入上面的定义中，从而永远得不到结果。解决的办法是定义简单展开变量，从而告诉 make 不要递归展开：

CC := gcc -o

CC += -O2

上面的定义就避免了递归调用。

除了用户自己定义的变量外，make 文件中还允许使用系统的环境变量。实际上，在 make 启动时为系统的环境变量定义了同名的变量，并赋予和环境变量相同的值。当然，如果有必要，可以重新定义该变量的值。

另外，就像 shell 程序中一样，make 也提供了一些只读的变量，它代表一些固定的信息，是用户不能重新定义的。如表 8-5：

表 8-5 make 只读变量：

变量	说明
$@	目标文件名
$<	第一个相关文件名
$^	相关文件列表，以空格分开
$?	新于目标文件的相关文件列表
$(@D)	目标文件名的目录部分
$(@F)	目标文件名的文件名部分

make 还有一些预定义变量，可以根据需要改变其缺省值。表 8-6 仅列出少数一些：

表 8-6 make 预定义变量：

变量	说明
AS	汇编器，缺省值 as
CC	C 编译器，缺省值 cc
CPP	C 预处理器，缺省值 cpp
RM	文件删除程序，缺省值 rm -f

6.3.4 隐含规则和规则模式

看下面的 make 文件：

```
ipphone : ipphone.o
    gcc -o ipphone ipphone.o
```

它指出了目标文件 ipphone 依赖的文件是 ipphone.o，但是并没有指出 ipphone.o 怎样得来。这时候就适合 make 的隐含规则，make 会从 ipphone.c 中用命令 gcc -c ipphone.c -o ipphone 编译生成这个文件。实际上，make 不仅支持源文件是 C 语言文件，也同样支持 Pascal，Fortran 等文件，它会自动去寻找相关的源文件，并用适当的编译命令去编译它。

这种规则模式也可以用命令重新定义。比如：

```
%.o : %.c
```

表示所有扩展名.o 的文件都是由扩展名.c 的文件编译而来。编译的方法除了缺省值外，还可以重新定义：

```
%.o : %.c
    $(CC) -c $< -o $@
```

上面使用了自动变量$<和$@。

6.3.5 make 命令行参量

make 命令也有很多命令行选项。表 8-7 给出常用的部分：

表 8-7 make 常用选项

选项	含义
-f file	指定 make 文件的文件名，而不使用缺省值
-n	显示所有需要执行的命令，但不执行
-s	执行时不显示命令
-r	禁止 make 的内部规则
-d	显示调试信息
-i	忽略规则中命令的失败，继续执行
-k	忽略某个模块的编译失败，继续下面的编译

思考和练习

1. 编写一个简单的 c 语言程序，并在 linux 环境下编译、执行。
2. gnu 的 c 编译器支持 Windows 环境下的程序设计吗？查阅资料，给出具体答案。

3. 在 Linux 环境下，一般程序都需要调用库文件实现特定的功能。怎样让你自己的程序脱离对库文件的依赖？

4. 研究用 GDB 调试程序的方法。你以前用什么调试器调试过程序？评述该调试器和 GDB 的差别。

5. 给一个你以前编写的 c 项目编写 make 文件。

6. make 文件搜索顺序的前后有什么意义？

第七章　文件系统操作

在 C 语言中学过流式的文件输入和输出，比如，fopen()、fclose()、fprintf()、fgetc()、fputc()等函数。在 Linux 中，这些函数实际上是调用一些更基本的 IO 函数，这些函数更接近于系统的核心调用。这一章中，我们着重学习这些关于文件的系统调用（通过库函数）。

7.1 文件操作

7.1.1 文件的打开和关闭

这一节描述用文件描述符打开和关闭文件的方法。其中，open()和 creat()函数的声明在头文件 fcntl.h 中，而 close()函数的声明在头文件 unistd.h 中。

open 函数原型如下：

int open(const char *filename, int flags[, mode_t mode]);

open 函数的成功调用返回打开的文件描述符。文件描述符是一个整数，它是描述打开文件特性的数据结构列表的索引。文件打开时，文件的位置指针指向文件的开始。

参数 filename 是一个字符串，它是打开文件的文件名。flags 是控制文件打开方式的参数。它是所谓的位掩码，整数中每一个位表示一个方式，不同的方式用或运算连接起来即可。一些表示打开方式的参数如下：

int O_RDONLY，为读打开文件。

int O_WRONLY，为写打开文件。

int O_RDWR，为读写打开文件。

int O_CREAT，打开时如果文件不存在，就先创建该文件。

int O_TRUNC，先把文件长度截成 0，然后再打开。

int O_APPEND，打开文件后，所有写操作都从文件的末尾开始。即所有写都附加在文件尾部。

最后一个参数 mode 是可选的。它只有在创建一个文件是才有用，表示创建文件的模式。该模式指定文件创建时的权限位。

open 函数调用成功返回文件描述符，失败则返回-1，失败的原因由变量 errno 表示的错误号给出。出错时也可以用 perror 函数打印出错误原因。

打开文件的例子如下：

```
if((fd=open("abc",O_RDWR|O_CREAT))==-1){
        perror("filename: abc");
        exit(1);
```

}

函数调用 creat 创建一个文件。原型如下：

int creat(const char *filename, mode_t mode);

其实 creat 函数是利用 open 函数实现的。

creat(flename,mode);

相当于：

open(filename, O_WRONLY | O_CREAT | O_TRUNC, mode);

文件操作完成后要关闭，用函数 close，其原型如下：

int close(int filedes);

参数 filedes 是打开的文件描述符。函数成功返回 0，失败返回-1。

7.1.2　文件的输入输出

从打开的文件中读取内容用 read 函数。read 函数的原形在头文件 unistd.h 中说明。下面是 read 函数的原形：

ssize_t read(int filedes, void *buffer, size_t size)

参数 filedes 是打开的文件描述符，buffer 是内存区域的指针，size 是要读取的字节数。它的类型是 size_t，它是专为描述可数类型的对象数目而定义的数据类型。在 x86 平台上，size_t 是无符号整数类型。read 函数从文件的当前位置读取字节，放在 buffer 指定的内存中。read 函数的成功调用返回实际读取的字节数，返回值的类型是 ssize，它和 size 类似，只是 ssize 是有符号的。实际返回的值有可能小于 size，这并不代表发生错误。比如，对于普通文件，如果文件所剩下的字节少于 size 的情况。对于设备文件（因为 Linux 把设备也当作一个文件管理），也许读取设备的速度太慢。总之，返回和 size 不相等的正数是正确的。

如果 read 返回值是 0，表明已经到了文件尾。这时如果调用 read 函数，它会只返回 0。当 read 函数出现错误时，返回-1。这时变量 errno 中记录了错误的原因。

read 函数是面向流的函数的基础，比如 fgetc 等。

另一个读文件的函数是 pread，其原形如下：

ssize_t pread(int filedes, void *buffer, size_t size, off_t offset)

该函数和 read 极其相似，前三个参数和返回值的含义和 read 函数相同。所不同的是第四个参数。这个函数不是从当前位置读取数据块，而是从参数 offset 指定的偏移处。

把数据写入到文件用 write 函数。其原型如下：

ssize write(int filedes, const void *buffer, size_t size);

write 函数从存贮区 buffer 中连续写字节到文件描述符 filedes 指定的打开文件中。buffer 中存储的不要求是 0 结尾的字符串，实际上可以是任意的二进制数。变量 size 描述了希望写入的字节数目。

返回值是实际写入的字节数目。也许会是 size，但往往要比 size 小。在编写程序的时候，应该把 write 放在循环当中，如果没有写完应该的字节数，则继续写操作。

一旦从 write 函数返回，就可以认为写到了文件中。这时如果马上读取该文件内容，是可以读到的。但是，系统只是把写的内容写到了一个系统缓冲区中，并不马上输出到磁盘上。磁盘写的操作实际上发生在稍后的时间。这完全是为了效率。如果你想确定地把写的内容写到磁盘上，你应该调用 fsync 函数。该函数使内核把缓冲区中的内容写到磁盘上去才返回。还有一个办法，就是在打开文件时用 O_FSYNC 标志，能保证所有用该标志打开的文件的写操作只有在写完成后才返回。

write 函数出错时返回-1，接着变量 errno 中设置了错误代码。也可以用 perror 函数打印错误原因。

另外一个写函数就是 pwrite 函数，其原型为：

```
ssize_t pwrite(int filedes, const void *buffer, size_t size,
off_t offset);
```

这个函数和 write 极其相似，只是多了最后一个参数。它表示写入的位置不是当前位置，而是有 offset 表示的位置。

7.1.3　设置打开文件的位置

一个打开文件都可以理解为有一个当前位置（就像编辑程序中的光标），读、写操作都是从当前位置开始。读写完成后，当前位置自动增加到读写后的一个字节，为下一次读写做好准备。

读取和设置当前的文件位置用 lseek 函数，其原型如下：

```
off_t lseek(int filedes, off_t offset, int whence);
```

参数 filedes 是要改变的文件描述符。whence 表示当前位置的表达方式，它必须是下面符号常数的一个：

SEEK_SET 表明从文件的开始计算偏移量。

SEEK_CUR 表明从文件当前位置计算偏移量。偏移量可以是正数或负数。

SEEK_END 表明从文件的末尾开始计算偏移量。如果偏移量是一个负数，所要设置的位置在当前文件内。如果是一个正数，那么设置的位置超过了当前文件的末尾。这种情况实际上是一种写操作，系统会追加信息直至当前位置。追加的部分补 0。

函数 lseek 成功的调用返回当前文件的位置。它是从文件的开始计算的当前位置的字节数。你可以用 SEEK_CUR 读取当前的位置。当然这时的 offset 设置成 0。

如果想追加内容到文件的尾部，用 lseek 把当前光标移动到末尾有时是不够的。当你执行完 lseek 函数但还来不及执行接下来的 write 函数时，也许其他进程已经写入信息到文件里去了。有效的方法是用 O_APPEND 标志打开文件，这时所有的写操作自动追加到文件的末尾。如果把当前位置设置成超过了当前文件的末尾，这是不会自动时文件变长。只有接下来的 write 才会使文件增加，增加的部分用 0 补上。这会使新追加的部分内容到原来的文件末尾之间产生一个"空洞"，这种连续的 0 不会真正占有磁盘空间，所以这种文件会更节省磁盘空间。

lseek 调用失败会返回-1。比如当前文件的位置不能改变，或者设置的文件位置是无效的，等等。随后的变量 errno 中存放了产生错误的原因。

7.1.4 文件描述符和文件指针

以前学习过通过文件指针完成文件的读写。函数 fopen() 就是返回打开文件的指针。其实文件描述符和文件指针是可以互相转换的。这要通过 fdopen 和 fileno 两个函数实现。它们都包含在头文件 stdio.h 中。先看 fdopen 的原型：

FILE * fdopen(int filedes, const char *opentype);

第一个参数 filedes 是一个打开的文件描述符，opentype 是表示打开方式的字符串，和 fopen 函数具有相同的取值，比如"w"或"w+"等。但是你必须保证该字符串的描述和文件实际的打开方式是匹配的。

文件返回一个新的文件流（stream）的指针。如果操作失败，返回空指针 null。

把文件流指针转换成文件描述符用 fileno 函数，其原型为：

int fileno(FILE *stream);

它返回和 stream 文件流对应的文件描述符。如果失败，返回-1。

以前知道，当程序执行时，就已经有三个文件流打开了，它们分别是标准输入 stdin，标准输出 stdout 和标准错误输出 stderr。和流式文件相对应的是，也有三个文件描述符被预先打开，它们分别是 0，1，2，代表标准输入、标准输出和标准错误输出。

需要指出的是，上面的流式文件输入、输出和文件描述符的输入输出方式不能混用，否则会造成混乱。所以上面的函数使用的机会并不多。以后会讲到使用的场合。

7.1.5 文件控制

对文件的特性进行修改、设置等的操作，或者对文件进行加锁等特殊操作，需要用到文件控制的专用函数 fcntl，它是在头文件 fcntl.h 中定义的。

它的原型如下：

int fcntl(int filedes, int command, ...);

filedes 是文件描述符，command 是需要执行的命令，后面的参数由不同的 command 命令决定。命令 command 是一系列预定义的常数，简要介绍如下：

F_DUPFD，复制文件描述符。复制的文件描述符和用 open 函数重新打开文件得到的文件描述符不同。复制的文件描述符和原来的文件描述符共享一个文件当前位置变量和一组文件状态标志。

F_GETFL, F_SETFL，取得和设置打开文件的属性。这些属性和 open 函数打开文件是指定的相同。一个文件打开后，可以用这两个命令重新设置打开时指定的属性。下面举例说明。

```c
int set_rdwr_flag(int desc, int value)
{
        int oldflags=fcntl(desc, F_GETFL, 0);
        if(oldflags==-1)
            return -1;
        if(value != 0)
            oldflags |=O_RDWR;
        else
            oldflags &=~O_RDWR;
        return fcntl(desc, F_GETFL, oldflags);
}
```

上面的函数根据 value 的值设置文件描述符 desc 的读写属性。

还有一些重要的命令以后再介绍。

7.1.6 一个例子

下面我们举一个例子。这个程序从命令行读入两个文件名,把前一个文件读入,
写到后一个文件中。相当于 cp 命令。

程序 9-3: 功能相当于 cp 命令的 c 程序

```c
#include <stdio.h>
#include <sys/types.h>
#include <sys/stat.h>
#include <fcntl.h>

#define bufsize 5

main(int argc,char * argv[])
{
    int fd1,fd2;
    int i;
    char buf[bufsize];
    if(argc!=3)
    {
        printf("argument error\n");
        exit(1);
    }
    fd1=open(argv[1],O_RDONLY);
    if(fd1==-1)
```

```
    {
        printf("file %s can not opened\n",argv[1]);
        exit(1);
    }
    fd2=open(argv[2],O_RDWR|O_CREAT);
    if(fd2==-1)
    {
        printf("Can not open file %s\n",argv[2]);
        exit(1);
    }
    while(1)
    {
        i=read(fd1,buf,bufsize);
        write(fd2,buf,i);
        if(i!=bufsize) break;
    }
    close(fd1);
    close(fd2);
    return 0;
}
```

该程序打开两个文件，每次从第一个文件中读取 bufsize 个字节，写入到第二个文件中。我们研究不同的 bufsize 时程序执行的效率。可以用 time 命令得到程序执行的时间。让 bufsize 依次为 1，5，10，50，100，1024，2048 等值。我们会发现，当每次读取的字节数达到一定值时，运行速度有了突飞猛进的提高。比如，bufsize 值提高到了 1024 之后，速度提高了几百倍。

7.2 目录操作

目录是存储于磁盘上的数据结构，它由许多目录项组成。每个目录项描述了一个指向其他目录或文件的入口。目录的作用是把文件组织成层次结构，便于管理。

7.2.1 工作目录

每一个进程都有一个当前目录和进程相关，获取当前目录用 getcwd 函数得到。其原型包含在 unistd.h 头文件中：
```
char * getcwd(char *buffer, size_t size);
```
函数 getcwd 返回用 C 语言字符串表示的当前目录名。参数 buffer 和 size 分

别表示你分配的内存地址和长度,存放当前目录名之用。也可以给出 buffer 为 null,
size 为 0,表示让 getcwd 函数自动分配内存存放目录名。

由于事先不知道目录名的长度会是多少,所以,下面的例子先分配一个适当大小
的内存区域,如果不够大,重新分配一个两倍大的内存区域,直至成功。

```
char *
new_getcwd()
{
int size=100;
char *buffer=(char *)xmalloc(size);
    while(1)
    {
        char *value=getcwd(buffer,size);
        if(value!=NULL)
            return buffer;
        free(buffer);
        size*=2;
        buffer=(char *)xmalloc(size);
    }
}
```

改变当前目录的方法是用函数 chdir,其原型如下:

`int chdir(const char* filename);`

其中 filename 是要改变的当前目录。成功返回 0,出错返回-1。

7.2.2 操作目录结构

文件系统的目录就像是文件一样,只是存储的内容是目录项。可以用 opendir 函
数打开目录项,然后读取其内容。该函数包含在 dirent.h 头文件中:

`DIR * opendir( const char *dirname);`

dirname 是要打开的目录名称(完全路径名或相对路径名)。调用成功返回一个
指向 DIR 数据结构的指针。DIR 结构描述了打开的目录需要的所有参数,比如当前读
取的目录项序号等。和 FILE*结构相似,对目录中目录项的读写要引用 DIR*。从打
开的目录中读取目录项用 readdir 函数,其原型如下:

`struct dirent * readdir( DIR *dirstream);`

参数 dirstream 就是 opendir 函数返回的指向 DIR 结构的指针。成功调用返
回指向下一个目录项数据结构的指针。数据结构 dirent 描述了一个目录项的信息(包
括该目录项描述的文件或目录的信息),它的结构如下:

char d_name[],目录或文件的名称。它是一个 0 结尾的字符串(ASCIIZ 字符
串)。

ino_t d_fileno，该数据结构包含了文件的信息，可以用 stat 函数更详细的解析。

unsigned char d_namlen，文件或目录名称的长度，不包括结尾的 0。

unsigned char d_type，文件或目录的类型。它有可能的取值如下：

                     DT_UNKNOWN，未知的类型

                     DT_REG，普通文件

                     DT_DIR，普通目录

                     DT_FIFO，命名管道或 FIFO

                     DT_SOCK，本地套接口

                     DT_CHR，字符设备文件

                     DT_BLK，块设备文件

函数 readdir 的成功调用不仅返回指向 dirent 的指针，而且使 DIR 结构中的当前目录项指针指向下一个位置。函数调用不成功，返回 null 指针。

目录使用完毕用 closedir 函数关闭；

int closedir(DIR *dirstream);

该函数成功返回 0，失败返回-1。

下面的程序列出当前的文件名，和 ls 命令相似：

程序 9-4：相当于 ls 的 c 程序

```c
#include <stddef.h>
#include <stdio.h>
#include <sys/types.h>
#include <dirent.h>

int
main(void)
{
    DIR *dp;
    struct dirent *ep;
    dp=opendir("./");
    if(dp!=NULL)
    {
        while(ep = readdir(dp))
            puts(ep->d_name);
        closedir(dp);
    }
    else
        puts("Couldn't open the directory .\n");
    return 0;
```

```
    }
```

7.2.3 目录、文件的属性

读取文件的属性有三个函数可以实现，它们都返回结构 stat，它是在 sys/stat.h 头文件中定义的，它描述读取的文件的属性。下面介绍 struct stat 的成员：

mode_t st_mode，它描述了文件的属性，包括类型和权限位。为测试这些属性预定义了专门的宏。测试文件类型，用下面的宏：

int S_ISDIR(mode_t m)：如果文件是目录，返回非 0，否则返回 0。

int S_ISCHR(mode_t m)：如果文件是字符设备文件，返回非 0，否则返回 0。

int S_ISBLK(mode_t m)：如果文件是块设备，返回非 0，否则返回 0。

int S_ISREG(mode_t m)：如果文件是普通文件，返回非 0，否则返回 0。

int S_ISFIFO(mode_t m)：如果文件是 FIFO，返回非 0，否则返回 0。

int S_ISLNK(mode_t m)：如果文件是符号连接，返回非 0，否则返回 0。

int S_ISSOCK(mode_t m)：如果文件是 UNIX 套接口，返回非 0，否则返回 0。

ino_t st_ino，文件的 inode 号，它唯一决定同一设备上的某个文件。

dev_t st_dev，文件所在的设备号。

nlink_t st_nlink，连接到同一个文件上的目录项数目。这里指的是硬连接，不是符号连接。如果这个数为 0，文件系统将自动删除该文件。

uid_t st_uid，文件的 user ID。

gid_t st_gid，文件的 group ID。

off_t st_size，普通文件的长度。如果是特殊设备文件，该项没有意义。如果是符号连接，它实际上是连接到的文件的长度。

time_t st_atime，最近一次操作文件的时间。time_t 是 UNIX 中表示时间的常用方法。它是从 1970 年 1 月 1 日零时起的秒数。它也称为 Coordinated Universal Time，在 GNU 系统中，是无符号长整数。

unsigned long int st_atime_usec，是最近一次操作文件的时间的小数部分。

time_t st_mtime，最近一次修改文件内容的时间。

unsigned long int st_mtime_usec，最近一次修改文件内容的时间的小数部分。

time_t st_ctime，最近一次修改文件属性的时间。

unsigned long int st_ctime_usec，最近一次修改文件属性的时间的小数部分。

blkcnt_t st_blocks，文件实际占用的磁盘的块数。块的长度是 512 字节。

这和文件的长度可能不同，有两个原因：系统可能用某些空间存储文件的管理信息；另一个原因是前面讲过的有可能包含"空洞"，即连续的 0。

unsigned int st_blksize，文件读写操作中使用的块的大小。可以根据这个值设置缓冲区的大小。

上面就是 struct stat 的内容。取得文件的属性，有下面三个函数：

```
int stat(const char *filename, struct stat *buf);
int fstat(int filedes, struct stat *buf);
int lstat(const char *filename, struct stat *buf);
```

上面的三个函数都是取得文件的属性存放到 buf 中。filename 是文件的名字。stat 和 lstat 的差别是，stat 读取符号连接时，要读取被连接的文件的属性；而 lstat 读取连接本身的属性，并不对连接进行跟踪。fstat 和 stat 的差别是要提供打开的文件描述符，而不是文件名。

这三个函数成功都返回 0，失败返回-1。

7.2.4 文件的其他操作

建立文件的硬连接，用 link 函数，它的原型在头文件 unistd.h 中：

```
int link(const char *oldname, const char *newname);
```

建立 newname 到 oldname 的连接。

如果建立符号连接，用 syslink 函数：

```
int syslink(const char *oldname, const char *newname);
```

上面两个函数，成功返回 0，失败返回-1。

删除文件用 unlink 系统调用：

```
int unlink(const char *filename);
```

它只是删除文件名到文件的连接，如果文件的连接计数等于 0，则系统删除文件。

改变文件名称，用 rename 函数：

```
int rename(const char *oldname, const char *newname);
```

创建目录：

```
int mkdir(const char *filename, mode_t mode);
```

7.2.5 一个例子

下面举一个新例子，它删除当前目录中所有时间晚于当前时间 1 天的文件。

程序 9-5：删除时间晚于 1 天的文件

```
#include <stddef.h>
#include <stdio.h>
#include <sys/types.h>
#include <sys/stat.h>
```

```c
#include <dirent.h>
#include <time.h>

int
main(void)
{
  DIR *dp;
  struct dirent *ep;
  struct stat st;
  dp=opendir("./");
  if(dp!=NULL)
  {
    while(ep = readdir(dp))
    {
      if(ep->d_name[0]!='.'){
       stat(ep->d_name,&st);
       if((time(NULL)-st.st_mtime>24*3600)
          &S_ISREG(st.st_mode))
        {
         printf("file %s will be deleted\n",ep->d_name);
          unlink(ep->d_name);
         }
         else
         {
          printf("file %s will be reserved\n",ep->d_name);
         }
      }
    }
    closedir(dp);
  }
  else
      puts("Couldn't open the directory.\n");
  return 0;

}
```

7.3 设备文件

Linux 系统中所有输入输出设备都用特殊文件表示。所有对这些输入、输出设备的操作，都是通过对设备特殊文件的操作完成的。设备文件有两类：字符设备和块设备。串行口是典型的字符设备，它的特点是：输入和输出只能顺序地进行，数据没有自己的结构，是字符流。声音的输入、输出设备也是字符设备。磁盘是典型的块设备，它的特点是：数据是按块组织的，对它的读写可以不按顺序。磁盘的数据按扇区分成不同的块，这些块按一定的顺序组织起来，可以把文件指针移动到某个位置进行读写。

UNIX 中（从而也在 Linux 中），同一种设备分配一个主设备号，同属一种设备的不同设备分配不同的子设备号以示区别。原则上讲，设备文件可以存在于任何目录中，但在标准的 UNIX（也在 Linux）中，设备文件总是存在于/dev 目录中。串口的设备文件为/dev/ttyS0、/dev/ttyS1 等，代表串口 1、2 等。IDE 硬盘设备文件为/dev/hda、/dev/hdb 等代表 IDE 硬盘 1、2 等，在 PC 系统中只能存在 4 块 IDE 硬盘。第一个 IDE 硬盘的第一个分区为/dev/hda1，依此类推。另外，SCSI 硬盘的设备文件为/dev/sda、/dev/sdb 等。软盘的设备文件为/dev/fd0、/dev/fd1 等。Linux 的虚拟终端设备也是按文件管理，分别是/dev/tty1、/dev/tty2 等。

由于对设备文件的操作，直接对应低层的 I/O，有时会带来安全问题。比如，允许一个普通用户对磁盘设备有读写权限，那么他就会利用低层的读写获取或修改任何文件的内容。这听起来很难，但很容易做到。在比如，一个用户如果取得了对中断文件的读写权限，那么他可以编一个像终端登录一样的程序骗取别的用户的用户名和密码，再做得好一点，可以等到输入用户名和密码后再传给真正的登录会话程序完成登录，使受损害的用户无法察觉。总之，在一个很多人使用的重要的系统中，由设备文件引起的安全问题要足够地重视。

设备文件的操作和普通文件类似，open、close、read、write 等函数同样可以使用。但对字符设备，改变文件当前指针位置的操作显然是不允许的。设备也只有在确实可用的情况下才能打开，设备真实存在，并且安装了相应的驱动程序。低层设备除了普通的操作外，还需要对设备进行控制、配置等和硬件相关的操作，这需要由 ioctl 函数来完成。下面介绍这个函数。

7.3.1 设备文件控制函数

尽管多数情况下硬件设备的操作可以通过文件的 read、write、lseek 等操作实现，但总有一些特例，比如弹出光盘、让磁带机倒带、设置声卡的采样率等，需要一些特别的手段实现。这就是 ioctl 函数，它可以算得上是控制设备的"瑞士军刀"，所有这些特殊的操作，它都能实现。它的原型包含在 sys/ioctl.h 头文件中。

int ioctl(int filedes,int command, ...);

函数的第一个参数是打开的文件的描述符，第二个参数是命令。第三个参数往往是需要的，它表示完成命令的操作需要的参数或返回的结果。它的意义取决于命令参数，可以是单个数，也可以是指向复杂的数据结构的指针。实际上，由于 ioctl 函数面向所有设备文件，不同的设备又是千差万别，所以，第三个参数的意义、函数的返回值、错误代码等等都取决于 command。并且，不同的设备，即使是相同的 command 也有不同的含义，需要的参数和返回值、错误代码等也不同。所以，对一个未知的设备文件无法知道怎样使用 ioctl 函数。这只能查阅每一个特殊设备的编程文档。

下面我们将举两个实际的例子说明设备文件的编程方法。

7.3.2 串行口的编程

串行通讯是常用的系统互连的手段，不仅限于计算机和外设之间通讯。在现代的操作系统中，一般不允许用户直接用机器指令直接操作系统的硬件。Linux 操作系统也是这样。Linux 系统中是通过对设备特殊文件的读写来进行通讯口的输入输出操作。通过它，用户的程序能够和操作系统内核中的设备驱动程序通讯，从而控制硬件的行为。串行口的设备文件是 /dev/ttySn，其中 n=0,1 等，代表串口 1 和 2。文中我们以 /dev/ttyS0 为例。

要对串行口设备文件进行读写，首先需要打开设备文件。打开串口的函数调用应该写成：

　　fd=open("/dev/ttyS0",O_RDWR|O_NDELAY|O_NCTTY);

属性参数中的 O_RDWR 和 O_NDELAY 和普通文件相同，另外能用于普通文件也能用于串口设备文件的属性还有 O_RDONLY、O_WRONLY、O_NODELAY 等，属性 O_NCTTY 是串口中才使用的，打开普通文件不用。它的意思是不要把打开的串口作为打开进程的控制终端。函数调用成功，返回打开串口的句柄，以后串口的读写都通过该句柄实现。如果不成功，函数返回-1，并通过变量 errno 返回错误原因，程序中应该检查该变量。

设备文件打开后，串行口的输入输出操作是通过文件读写函数 read 和 write 进行的。当串口使用完成后，应当关闭。关闭串口用 close 函数。

改变 Linux 系统中串行口的设置，需要存取 termios 结构。这有两种方法可以选择，一种是通过 ioctl 函数，另一种是符合 POSIX1.0 的函数 tcgetattr() 和 tcsetattr() 方法。由于 Linux 系统很好地遵循 POSIX1.0 规范，因此我们选择规范中的方法进行介绍。

Linux 系统中串行口的模式由一个数据结构描述，这就是 termios 结构。它至少包含下面的成员：

　　tcflag_t c_iflag：位掩码，用来表明输入的模式。
　　tcflag_t c_oflag：位掩码，用来表明输出的模式。
　　tcflag_t c_cflag：位掩码，用来表明控制的模式。
　　tcflag_t c_lflag：位掩码，用来表明高级本地模式。
　　cc_t c_cc[NCCS]：字符数组，用来表明哪些字符和控制函数相联系。

上面的 tcflag_t 是一个无符号整型,位掩码的意思就是每个属性用一个位表示,从而可以用"或"运算把各种性质组合起来。

c_iflag 用来表明输入模式,可取值如下:

tcflag_t INPCK:是否使能输入奇偶校验。如果置位,表示奇偶校验,否则无奇偶校验。

tcflag_t IGNPAR:如果置位,输入的任何超越错和奇偶错都被忽略。只有 INPCK 也被设置时才有用。

tcflag_t PARMAK:该位被置位,表明任何奇偶错或超越错的接收字符都要被标记然后才传送给程序。它只在 INPCK 被设置和 IGNPAR 没有设置时才有意义。详情请参看有关资料。

tcflag_t ISTRIP:该位被置位,任何错误字符都被剥成 7 位,使之成为可读 ASCII 字符。

另外还有许多有意义的值,由于并不常用,这里不再赘述,请查阅有关资料。

输出模式常用取值只有一个,为:

tcflag_t OPOST,它被置位表明要求系统输出时将回车符变成回车、换行。

本地模式有如下常用的取值:

tcflag_t ICANON,设置是否采用正则输入模式。正则输入模式下,输入组织成"行",每行用回车'\n'和换行符结尾。用户必须输入一整行读操作才能执行,并且每次只能读一行。在这种情况下,实际上是操作系统缓存了一行的内容,并且允许在标志行尾的回车、换行符输入之前通过控制字符编辑已输入的内容。在非正则模式下,输入不用行来组织,可以读取任意个字符。

tcflag_t ECHO,它用来设置输入是否有回声,即输入一个字符同时又把它输出,这个功能对终端特别有用,是你键盘输入的字符同时在屏幕上能够显示。

tcflag_t ISIG,是否识别特殊字符 INTR、QUIT、SUSP,这些字符一旦被识别,就会产生相应的信号,用来实现对程序的控制。

控制模式设置最重要,它负责控制串口通讯的波特率、停止位、数据宽度等,重要参数如下:

tcflag_t CSTOPB,设置停止位的个数,如果该位被设置,表明有两个停止位,否则有一个停止位。

tcflag_t PARENB,表明是否具有奇偶校验位,如果该位被设置,表明有奇偶校验,否则没有。

tcflag_t PARODD,该位被设置,表明奇校验,否则为偶校验。只有 PARENB 被设置该位才有意义。

tcflag_t CSIZE,用来设置字符宽度。

tcflag_t CS5,每字符 5 个 bit。

tcflag_t CS6,每字符 6 个 bit。

tcflag_t CS7,每字符 7 个 bit。

tcflag_t CS8,每字符 8 个 bit。

设置串行通讯的输入、输出速率，需要改变结构 termios 的某些成员的值。不需要了解这些成员的具体情况，因为用函数 cfsetispeed 和 cfsetospeed 可以实现这些功能，它们分别设置输入和输出的速率。其原型如下：

```
cfsetispeed(struct termios *termios_p,speed_t speed);
cfsetospeed(struct termios *termios_p, speed_t speed);
```

其中 termios_p 是指向 termios 结构的指针，speed 是速度值，它的取值应该为一个集合中的元素，每个元素名字都和一个速度对应，比如，B1200 对应波特率 1200。取值为：B0、B50、B75、B110、B134、B150、B200、B300、B600、B1200、B1800、B2400、B4800、B9600、B19200、B38400、B57600、B115200、B230400、B460800。其中 B19200 和 B38400 还有别名为 EXTA 和 EXTB。另外，B0 表示断开连接。

获取当前的串行口设置用 tcgetattr() 函数，其原形为：

```
int tcgetattr(int filedes, struct termios *termios_p);
```

调用成功返回 0，失败返回-1。filedes 是打开的串行口的文件句柄，termios_p 是 termios 的指针，返回时指向代表当前设置的结构。取得的 termios 结构经过改变后，用函数 tcsetattr() 进行设置：

```
int tcsetattr(int filedes, int when, const struct termios *termios_p);
```

其他参数和 tcgetattr() 一样，只是多了一个 when 参数。它表明设置什么时候开始起作用。它的取值如下：

TCSANOW，立即起作用。

TCSADRAIN，所有输出队列中的字符都发送之后才起作用。

TCSAFLUSH，和 TCSADRAIN 功能相似，只是同时丢弃输入队列中的所有字符。

下面的函数打开串口后设置格式，并返回串口的文件句柄：

程序 9-6：打开串口

```
int opencom1(void)
{
 int fd;
 struct termios options;
 if((fd=open("/dev/ttyS0",O_RDWR|O_NOCTTY|O_NDELAY))==-1)
 {
     perror("/dev/ttyS0\n");
     return -1;
 }
 tcgetattr(fd,&options);
 cfsetispeed(&options,B2400);
 cfsetospeed(&options,B2400);
```

```
options.c_cflag|=(CLOCAL|CREAD);  //忽略控制信号线和使能读功能
options.c_cflag|=PARENB;    //奇偶检验
options.c_cflag&=~PARODD;   //偶校验
options.c_cflag|=CSTOPB;    //两个停止位
options.c_cflag&=~CSIZE;
options.c_cflag|=CS8;    //8 个数据位
options.c_lflag&=~(ICANON|ECHO|ISIG);    //原始输入模式
options.c_oflag&=~OPOST;    //原始输出
options.c_cc[VMIN]=0;
options.c_cc[VTIME]=10;
tcsetattr(fd,TCSANOW,&options);
return fd;
}
```

下面的程序用上面的函数打开一个串口，对它进行读写：

程序 9-7：读写串口

```
int
main(void)
{
    char c;
    int fd;
    fd=opencom1();
    if(fd=-1) exit(-1);
    while(1)
    {
        read(fd,&c,1);
        if(c=='\004')
            break;
        else
            write(fd,&c,1);
    }
    return 0;
}
```

7.3.3 声卡的编程

声卡是普通个人电脑的标准设备。在 Linux 下，有几种设备文件用来控制声卡的功能。一种是声音混合设备，/dev/mixer，用来控制各个声道的音量。有一个应用程序，aumix 可以用来通过/dev/mixer 设备控制各个声道的音量。另一种设备是声音的采集和播放设备，包括/dev/audio、/dev/dsp 等，它们之间区别不大，/dev/audio 提供了和 SUN 的声音系统的兼容。还有一种是音乐设备，/dev/midi、/dev/sequencer 等，它提供了播放音乐的一种途径。在这一节里，我们着重介绍通过对/dev/audio 编程进行声音的录制和回放。

声音编程必须包含 sys/ioctl.h、unistd.h 和 sys/soundcard.h 头文件，因为这些文件中包含了必须的函数声明和变量说明。程序的开头应该是这样的：

```
/*
 * Standard includes
 */
#include <sys/ioctl.h>
#include <unistd.h>
#include <sys/soundcard.h>

/*
 * Mandatory variables.
 */

#define BUF_SIZE 1024

int audio_fd;
unsigned char audio_buffer[BUF_SIZE];
```

打开设备文件用 open 函数，属性参数必须是 O_WRONLY，O_RDONLY 和 O_RDWR 之一，其他的属性值这里没有定义。推荐在尽可能的情况下使用 O_WRONLY，O_RDONLY 打开设备文件，这样效率高。只有在必要的情况下才使用 O_RDWR 打开文件。代码如下：

```
if ((audio_fd = open("/dev/audio", open_mode, 0)) == -1) {
    /* Open of device failed */
    perror(DEVICE_NAME);
    exit(1);
}
```

普通的声音录制用 read 函数即可。下面的程序段实现：

```
int len;
if ((len = read(fd, audio_buffer, count)) == -1) {
    perror("audio read");
    exit(1);
}
```

这里读数据的长度 count 推荐使用 2 的整数次幂，如：8，16，32 等。这样做效果很好，程序会更加稳定地工作。由于声卡的采样速率是精确的，所以读取一定的字节需要的时间很精确，可以利用这一点进行定时。

声音回放使用 write 函数，但是要求写的数据和读的数据格式相同。

对声卡的参数设置，主要包括三个方面：采样格式、声道数和采样频率。进行参数设置是必须按照上面的顺序依次进行设置。否则会发生错误。

采样格式很多，列表如表 9-8。

表 9-8 声卡的采样格式：

名称	描述
AFMT_QUERY	不是音频格式，而是查询当前音频格式的标识。
AFMT_MU_LAW	对数 μ 率音频编码。
AFMT_A_LAW	对数 A 率音频编码(很少用)。
AFMT_IMA_ADPCM	平均采样点为 4bit 数据时一种 4：1 压缩格式，有几种 ADPCM 格式，这种是 Interactive Multimedia Association（IMA）定义的，和同创（Creative）某些 16 位声霸（Sound Blaster）卡用的 ADPCM 格式不同。
AFMT_U8	PC 声卡上用的标准 8 位无符号格式。
AFMT_S16_LE	PC 声卡上标准 16 位小端（intel）有符号格式。
AFMT_S16_BE	标准 16 位大端（用于 M68K, PowerPC, SPARK 等）有符号格式。
AFMT_S16_NE	用于本地大小端模式的 16 位数据。
AFMT_S8	有符号 8 位音频格式。
AFMT_S32_LE	有符号小端 32 位格式。也用于存储 24 位音频，这时低 8 为空置（应当置为 0）。
AFMT_S32_BE	有符号大端 32 位格式。也用于存储 24 位音频，这时低 8 为空置（应当置为 0）。
AFMT_U16_LE	无符号小端 16 位格式。
AFMT_U16_BE	无符号大端 16 位格式。
AFMT_MPEG	MPEG MP2/MP3 音频格式（当前不支持）。

在硬件层次，有的声卡只支持 8 位采样率，一些高端的声卡则只支持 16 位采样率。有时 16 位或更高分辨率的采样率是软件模拟出来的，这时的效果不如直接使用较低的 8 位采样率效果好一些。

设置采样率用 ioctl 函数 SNDCTL_DSP_SETFMT 命令。并不是所有的采样率都被支持。设置采样率后要检查是否真正设置完成了。比如，你设置一个 16 位长度的采样格式，两个字节表示一个声音数据。如果没有设置成功，而是设置成了缺省的 8 位采样格式，你的声音数据就会变成噪音。有可能损坏耳机、扬声器等设备或损伤人的耳朵。

下面是实现的代码例子：

```
int format;
format = AFMT_S16_LE;
if (ioctl(audio_fd, SNDCTL_DSP_SETFMT, &format) == -1) {
/* fatal error */
perror("SNDCTL_DSP_SETFMT");
exit(1);
}
if (format != AFMT_S16_LE) {
/* The device doesn't support the requested audio format. The
program should use another format (for example the one returned
in "format") or alternatively it must display an error message
and to abort. */
}
```

上面的代码设置采样格式为 AFMT_S16_LE 并检查设置是否成功。上面的检查程序是很重要的。下面的代码可以检查系统是否支持某个采样格式：

```
int mask;
if (ioctl(audio_fd, SNDCTL_DSP_GETFMTS, &mask) == -1) {
/* Handle fatal error ... */
}
if (mask & AFMT_MPEG) {
/* The device supports MPEG format ... */
}
```

现代的声音系统大多是立体声（2 声道）系统，声道数的设置用函数 ioctl 的命令 SNDCTL_DSP_CHANNELS。有的系统不止有 2 个声道，有时有 16 个声道。

下面的代码实现设置立体声系统：

```
int channels = 2; /* 1=mono, 2=stereo */
if (ioctl(audio_fd, SNDCTL_DSP_CHANNELS, &channels) == -1) {
/* Fatal error */
perror("SNDCTL_DSP_CHANNELS");
exit(1);
}
if (channels != 2)
{
/* The device doesn't support stereo mode ... */
}
```

由于许多老 SoundBlaster 1 and 2 系统兼容系统不支持立体声，所以检查设置是否成功是必要的。

采样率是每秒采样的数据个数。采样率是由某个固定频率分频得到的，所以，采样率是一些特定的值，不同的硬件可能支持的采样率不同。缺省的采样率一般是8kHz。最小的采样率是 5kHz，老式声卡一般支持的采样率是 11.025，22.05，44.1kHz 等，如果多个声道，采样率就是多个声道采样率的和。现代的声卡也支持96kHz，DVD 的声音质量。

设置采样率用 SNDCTL_DSP_SPEED 命令实现，例子如下：

```
int speed = 11025;
if (ioctl(audio_fd, SNDCTL_DSP_SPEED, &speed)==-1) {
/* Fatal error */
perror("SNDCTL_DSP_SPEED");
exit(Error code);
}
if ( /* returned speed differs significantly from the requested
one... */ ) {
/* The device doesn't support the requested speed... */
}
```

下面举一个完整的例子，简单的设置声卡，录制声音然后从扬声器播放出来：

程序 9-8：声音录放

```
/*
* Standard includes
*/
#include <sys/ioctl.h>
#include <unistd.h>
#include <fcntl.h>
#include <sys/soundcard.h>
#include <math.h>

/*
* Mandatory variables.
*/

#define BUF_SIZE 1024
#define SPEED 8000

int audio_fd;
unsigned char audio_buffer[BUF_SIZE];

int main(){
if ((audio_fd = open("/dev/audio", O_RDWR, 0)) == -1) {
```

```
/* Open of device failed */
perror("/dev/sound");
exit(1);
}

if(ioctl(audio_fd,SNDCTL_DSP_SETDUPLEX,0)==-1){
/* fatal error */
perror("SNDCTL_DSP_SETDUPLEX");
exit(-1);
}

int format;
format = AFMT_U8;
if (ioctl(audio_fd, SNDCTL_DSP_SETFMT, &format) == -1) {
/* fatal error */
perror("SNDCTL_DSP_SETFMT");
exit(1);
}
if (format != AFMT_U8) {
/* The device doesn't support the requested audio format. The
program should use another format (for example the one returned
in "format") or alternatively it must display an error message
and to abort. */
perror("AFMT_U8");
exit(-1);
}

int channels = 1; /* 1=mono, 2=stereo */
if (ioctl(audio_fd, SNDCTL_DSP_CHANNELS, &channels) == -1) {
/* Fatal error */
perror("SNDCTL_DSP_CHANNELS");
exit(1);
}
if (channels != 1)
{
/* The device do only support stereo mode ... */
perror("SNDCTL_DSP_CHANNELS");
exit(-1);
}
```

```
int speed = SPEED;
if (ioctl(audio_fd, SNDCTL_DSP_SPEED, &speed)==-1) {
/* Fatal error */
perror("SNDCTL_DSP_SPEED");
exit(-1);
}
if ( speed!=SPEED) {
/* The device doesn't support the requested speed... */
perror("speed error");
exit(-1);
}

int len;
while(1){
 if ((len = read(audio_fd, audio_buffer, BUF_SIZE)) == -1) {
    perror("audio read");
    exit(1);
 }
 if((len = write(audio_fd,audio_buffer,BUF_SIZE)) == -1) {
    perror("audio write");
    exit(1);
 }
}

}
```

思考和练习

1. 编写程序 mycp.c，实现文件复制功能，类似于 cp 命令。
2. 编写程序 mycat.c，实现文件内容的显示，类似于 cat 命令的功能。
3. 编写程序 mywc.c，实现文件内容的统计，类似于 wc 命令的功能。
4. 编写程序 myls.c，通过目录操作函数，实现类似命令 ls 的功能。
5. 编写一个程序，通过目录操作实现自动删除一天前产生的旧文件的功能。研究 sleep 函数，并实现删除操作每半个小时自动执行一次。

6．编写一个串口通信程序，能够接收其他计算机发送的字符，并显示在终端屏幕上。

7．编写一个录音程序，通过声卡把一段音频信号录制到文件中。

8．通过声卡播放问题 7 中录制音频信号。

9．编制一个能够产生正弦波、三角波、锯齿波和方波的低频信号发生器程序，并用示波器观察信号的波形。

第八章　进程管理

　　进程是系统进行资源分派的最基本对象。在现代的操作系统中，不同的进程是互相隔离的，每个进程都有自己独立的地址空间，通常也只有一个执行线索。一个程序指存储在存储介质中的静态的代码，当它被调入内存执行，就形成进程。一个程序可以有多个进程正在执行，每个进程在自己的地址空间都有自己的程序和数据的拷贝，并且独立地执行着。

　　这一章主要研究进程的环境、创建、终止等问题。

8.1　进程执行环境

8.1.1　程序的参数

　　系统执行一个 C 语言程序总是从 main() 函数开始。在标准的 C 程序中，main() 函数有两个参数，它们代表程序的命令行参数，原型如下：

```
int main(int argc, char *argv[]);
```

　　argc 是命令行参数的个数，argv 是 C 字符串的数组，它的元素是单个的命令行参数字符串。执行程序名是第一个字符串，而所有参数之后总是一个 NULL 指针：argv[argc]总是 NULL。

　　比如，命令"cat abc def"中，argc 等于 3，argv 的有效元素有 3 个，分别是 cat、abc、def。

　　在 UNIX 系统中，可以定义三个参数的 main 函数，它的原型如下：

```
int main(int argc, char *argv[], char *envy);
```

　　第三个参数是程序执行的环境变量，在稍后我们会讲到。但是 POSIX1 不允许三个参数的形式，所以，最好采用两个参数的 main 函数。

　　POSIX 建议程序的选项（options）按照下面的规则定义：

- 选项用连字符"-"开始，并且只含有字符和数字。
- 多选项可以合并写出：-abc 等于-a -b -c。
- 某些选项可以带一个参数（argument）。如：-o file。
- 带参数选项一般位于其他无参数选项前面。
- 两个连字符"--"之后所有的选项都视为普通命令行参数。
- 长选项用"--"开始，且不带参数。由于长选项没有参数，可以用"--name=value"的形式给出参数。

　　如果你的程序参数少，可以直接从 argv 数组中获取。如果选项较多而复杂，分析起来很麻烦，这时可以使用 getopt() 和 getopt_long() 函数分析典型的命令行参数。使用这两个函数，必须包含 unistd.h 文件。

getopt 函数的原型如下：

```
int getopt(int argc, char **argv, const char *options);
```

该函数的作用是分析参数 argc 和 argv 提供的选项。这里的 argc 和 argv 往往直接来源于 main 函数的参数。options 给出需要分析的有效选项的列表，是以字符串的形式给出。其中需要有参数的选项后跟一个"："，如果参数是可选的，则后面有两个冒号"：："。

getopt 函数返回命令行中的一个选项字符，如果有参数，其参数存储在预定义变量 char* optarg 指定的内存中。如果参数列表 argv 中包含普通的不是选项的参数，或者包含不在 options 中指定的选项，则 getopt 函数返回"？"字符，并且把相应的字符存储到变量 optopt 中。如果这时外部变量 opterr 不等于 0，则 getopt 函数会打印错误信息。当所有选项都给出后，函数返回-1，表示没有选项了。

通常 getopt 函数应该在一个循环中调用，每次给出一个选项，直到返回-1。循环中分析得到的选项，往往用 switch 语句。循环结束后，往往还需要一个循环分析不是选项的命令行参数，首个不是选项的命令行参数的位置存储在变量 optind 中。下面举例如下：

程序 10-9：应用 getopt 函数分析命令行参数

```
#include <unistd.h>
#include <stdio.h>

int
main(int argc,char *argv[])
{
    int aflag = 0;
    int bflag = 0;
    char *cvalue = NULL;
    int index;
    int c;

    opterr = 0;
    while((c=getopt(argc,argv,"abc:"))!=-1)
      switch(c)
        {
        case 'a':
          aflag=1;
          break;
        case 'b':
          bflag=1;
          break;
```

```
            case 'c':
                cvalue=optarg;
                break;
            case '?':
                if(isprint(optopt))
                    fprintf(stderr,"Unknown option '-%c'.\n",optopt);
                else
                    fprintf(stderr,
                        "Unknown option charactor '\\x%x'.\n",
                        optopt);
                return 1;
            default:
                abort();
            }
    printf("aflag = %d, bflag = %d,
            cvalue = %s\n",aflag,bflag,cvalue);
    for(index=optind;index<argc;index++)
        printf("Non-option argument %s\n",argv[index]);
    return 0;
}
```

函数 getopt_long 除了能够处理普通选项，还能处理长选项。它的原型如下：

```
int getopt_long(int argc, char **argv, const char *shortopts,
        struct option *longopts, int *indexptr);
```

它从 argv 中解析出选项。参数 shortopts 描述了需要解析的短选项，它的表示方法同 getopt 函数一样，参数 longopts 描述了接受的长选项。当 getopts_long 函数遇到一个短选项，它的行为和 getopts 函数一样：返回选项字符，把参数存储到 optarg 中。

结构 option 是预先定义的结构，用来表明函数 getopts_long 能够接受的长选项和对该长选项的处理方法。它包含如下 4 个成员：

const char *name：字符串，选项的名称。

int has_arg：表示该长选项是否包含参数。它可取值 no_argument、required_argument、optional_argument，分别表示无参数、有参数、可选参数。

int *flag

int val：这两个参数合起来表示处理该选项的方法。如果指针 flag 为 NULL，val 就表示一个代表该选项的唯一整数。如果函数 getopts_long 的返回值是该整数，表明找到了该选项。如果希望某个长选项和另外一个短选项具有相同的意义，可以定义该长选项的 val 值和短选项字符相同。如果指针指向一个分配好的整数，那么当找到该选项时，这个整数就用来存储 val 给出的值，用来表明找到了该选项。这种情况下，函数 getopts_long 返回 0。

函数 getopts_long 的参数 longopts 是一个指向结构 option 的指针，给出一组 option 类型的长选项，用{0, 0, 0, 0}表示参数结束。

函数 getopts_long 的最后一个参数 indexptr 是一个整数指针，它在函数 getopts_long 正确调用后被设置成当前参数在 longopts 中的位置。比如，你可以用 longopts[*indexptr].name 引用找到参数的名称。

如果长选项有参数，它将被存储到 optarg 变量中。如果没有参数，变量 optarg 等于 NULL。

当函数 getopts_long 不再能找出选项时，它返回-1。它仍然用 optind 表明剩下的参数在 argv 中的位置。

下面举例说明。

程序 10-10：应用 getopt_long 函数分析命令行参数

```c
#include <stdio.h>
#include <stdlib.h>
#include <getopt.h>

/* Flag set by '--verbose'. */
static int verbose_flag;

int
main(int argc,char **argv)
{
    int c;
    while(1)
    {
        static struct option long_options[]=
        {
            {"verbose",no_argument,&verbose_flag,1},
            {"brief",no_argument,&verbose_flag,0},
            {"add",required_argument,0,0},
            {"append",no_argument,0,0},
            {"delete",no_argument,0,0},
            {"create",no_argument,0,0},
            {"file",no_argument,0,0},
            {0,0,0,0}
        };

        int option_index = 0;
```

```c
      c = getopt_long(argc,argv,"abc:d:",
                      long_options,&option_index);
    if(c==-1)
      break;

    switch(c)
    {
    case 0:
      if(long_options[option_index].flag!=NULL)
        break;
      printf("option %s",
               long_options[option_index].name);
      if(optarg)
        printf(" with arg %s",optarg);
      printf("\n");
      break;
    case 'a':
      puts("option -a\n");
      break;
    case 'b':
      puts("option -b\n");
      break;
    case 'c':
      printf("option -c with value '%s'\n",optarg);
      break;
    case 'd':
      printf("option -d with value '%s'\n",optarg);
      break;
    case '?':
      break;
    default:
      abort();
    }
}

if(verbose_flag)
  puts("verbose flag is set");
if(optind<argc)
{
```

```
        printf("non-option argv elements: ");
        while(optind<argc)
            printf("%s ",argv[optind++]);
        putchar('\n');
    }

    exit(0);
}
```

8.1.2 环境变量

程序执行时，有两种途径获得环境信息，一种是通过 argv、argc 变量获得命令行参数，另外一种机制就是通过获取环境变量。这里说的环境变量就是 shell 中设置的环境变量，因此，这种机制可以获得所有程序公用的一些设置。

下面介绍能够控制环境变量的一些函数。

char * getenv(const char *name);

该函数取得名字是 name 的环境变量，并以字符串的形式返回给调用程序。你一定不要修改返回的字符串，那是不允许的。

int putenv(const char *string);

这个函数可以增加或者移除一个环境变量。如果 string 是以"name=value"的形式给出，定义就会被加到环境中去。否则，如果 string 只是一个环境变量的名字，环境变量将从环境中移去。

int setenv(const char *name, const char *value, int replace);

用来加入一个新的环境变量到环境中去。如果环境变量 name 在环境中不存在，就会把该环境变量加到环境中去，值是 value。如果环境变量 name 在环境中已经存在，就要看 replace 的值如何。replace 为 0，函数将什么都不改变。如果 replace 是 1，环境变量的新值将代替老的值。value 等于 NULL 是不允许的，因此，该函数不能从环境中删除一个环境变量。

void unsetenv(const char *name);

从环境中彻底删除环境变量，如果环境变量 name 存在的话。它和函数 putenv 调用中让 value 为空得到的结果相同。

int clearenv(void);

该函数删除所有环境变量，之后可以用前面的调用重新加入。成功返回 0，失败返回非 0。

变量 char **environ 是一个字符串数组，它包含在头文件<unistd.h>中，每一个元素都是"name=value"形式的字符串。它给出了全部环境变量，我们不能修改它。数组的最后一个元素是空指针。

当然，在 GNU 系统中，系统通过 main 函数的第三个参数传递环境变量给程序，参见前面的说明。

8.2 进程

进程被组织成树形结构。一个进程一定是被另外一个进程创建的，叫这个进程的父进程。创建一个进程可以通过运行一个命令，或者通过系统调用复制父进程来生成子进程。这两种方法本质上是相同的。

在进程创建时，系统将分配给该进程一个唯一的进程号。它在系统中是唯一的，是一个进程的标志。

8.2.1 获得进程号

可以通过函数 getpid、getppid 获得进程本身和父进程的进程号。使用这两个函数，应该包含 unistd.h 和 sys/types.h 头文件。

pid_t getpid(void);

返回当前进程的进程号。pid_t 数据类型是一个有符号的整形，可以用来代表进程号。在 GNU 库中，它就是 int 型。

pid_t getppid(void);

该函数返回父进程的进程号。

8.2.2 创建进程

可以通过函数 fork 创建进程。它是创建进程最基本的函数，需要包含 unistd.h 头文件。

pid_t fork(void);

创建新进程。fork 函数调用后，系统通过复制父进程产生子进程。父进程和子进程都从 fork 函数中返回，但返回值不同。在父进程中，fork 返回子进程的进程号，在子进程中，fork 返回 0。

如果进程创建失败，fork 返回-1（当然在父进程中，因为没有创建子进程），随后设置变量 errno。errno 有两种错误情况：

EAGAIN 系统没有足够的资源或用户拥有的进程过多。

ENOMEM 系统没有足够的空间。

子进程虽然从父进程中复制，但是有许多不同之处：

- 子进程有唯一的进程号。
- 子进程复制父进程的打开文件的描述符，但是在父进程和子进程中对其属性的任何修改都是独立的。但是，父进程和子进程的文件描述符共享文件位置指针。

- 子进程的 cpu 时间重新设置成 0。
- 子进程不继承父进程的文件锁。
- 子进程不继承父进程设置的定时器。
- 子进程附属的信号被重新设置。

```
pid_t vfork(void);
```

和 fork 函数类似,有时更有效。但是,你必须遵守适当的规则来安全的使用 vfork 函数。fork 函数完整地拷贝父进程的地址空间,然后父进程和子进程独立地执行。vfork 函数则不去拷贝,而是和父进程共享地址空间,直到有_exit()或 exec 类函数调用。因此,使用 vfork 函数时要注意,不要改变和父进程共享的变量,否则会造成错误。

用 fork 和 vfork 函数创建子进程后,很多时候是要运行新的程序。下面介绍这方面的函数。

8.2.3 运行程序

下面介绍的 exec 函数家族的功能是运行一个程序来代替当前进程。往往用 fork 和 vfork 函数产生一个新进程,然后在新进程里执行 exec 函数。这个家族中的不同函数的区别在于它们接受参数的方式不同。下面逐步进行介绍。

```
int execv(const char *filename, char * const argv[]);
```

运行程序 filename 来代替进程本身。参数 argv[]是传给程序的命令行,第一个元素应该是程序名,最后应该用空指针结束。程序的环境变量继承当前进程的环境变量。

```
int execl(const char *filename, const char *argv0,...);
```

和 execv 函数相似,只是参数分别传递,而不是通过数组。最后一个参数必须是 NULL 指针。

```
int execve(const char *filename, char *const argv[],
            char *const env[]);
```

和函数 execv 相似,只是允许传递新环境变量给程序。环境变量用数组 env 传递,每个元素的格式必须和 environ 中的相同。最后要有一个 NULL 指针,表明环境变量的结尾。

```
int execle(const char *filename, const char *arg0,
        char *const env[],...);
```

和 execl 相似,只是在第一个参数后传递环境变量,环境变量数组的要求和上面的 execve 相同。

```
int execvp(const char *filename, char * const argv[]);
```

和 execv 相似,区别是在 execvp 函数中参数 filename 不需要包含完整路径名,execvp 函数能够从 PATH 变量中搜索正确的程序执行。这一般用来执行系统命令。shell 程序常常用这个调用执行用户键入的命令。

```
int execlp(const char *filename, const char *argv0,...);
```
和函数 execl 相似，只是用和 execvp 相同的方式处理 filename 参数。

这类函数都不会返回，除非出现错误。因为它们用新程序完全代替了旧进程。如果返回，表明出现了错误，这是返回－1。同时设置 error 变量，用来报告错误。

8.2.4 进程的终止

程序的正常结束用 exit 函数，它不仅能终止程序，报告状态，而且能够运行用 atexit、on_exit 函数注册的函数进行退出前的清理工作。

```
void exit(int status);
```
正常结束程序，不需要返回值。

它按照以下步骤执行：

1. 按照相反的顺序执行用 atexit、on_exit 函数注册的函数，做一些清理工作。
2. 关闭所有打开的流，清理所有输出缓冲的写数据，完成写操作。删除临时文件。
3. 调用 _exit() 函数，结束进程。

参数 status 是返回给父进程的状态，它的范围是 0-255。在主程序中调用 return 语句和 exit 函数有相同的作用。

你可以定义自己的退出清理函数，有时很有必要。

```
int atexit(void(*function)(void));
```
该函数把函数指针 function 指定的函数加入到退出清理函数列表中。函数 function 不需要参数和返回值。成功注册返回 0，失败返回非 0。

```
int on_exit(void(*function)(int status, void *arg), void *arg);
```
函数 on_exit 和函数 atexit 相似，只是注册一个没有返回值但是有参数 status 和 arg。退出时用退出状态值和 arg 作为其参数。

下面举例说明。

```
#include <stdio.h>
#include <stdlib.h>

void
bye(void)
{
    puts("Goodbye, cruel world...\n");
}
int main(void)
{
```

```
    atexit(bye);
    exit(EXIT_SUCCESS);
}
```
可以用函数 abort 来终止进程，但不推荐这种方法。因为 abort 是非正常终止，退出时不调用注册的清理函数。

```
void abort(void);
```
该函数是通过发送终止信号给自己结束进程的。

函数 exit 是退出程序的标准方法，它是通过调用函数_exit()实现的。

```
void _exit(int status);
```
但_exit 函数不调用注册的退出清理程序。

8.2.5　进程的完成状态

下面介绍的函数用来等待进程结束，取得进程的结束状态。它们定义在头文件 sys/wait.h 中。

```
pid_t waitpid(pid_t pid, int * status_ptr,int options);
```
函数 waitpid 从进程号是 pid 的子进程获得结束状态。通常调用进程阻塞，直到子进程结束从而使子进程的结束状态可用。

进程号 pid 如果不代表一个进程，则有特殊的含义。如果 pid 等于-1 或 WAIT_ANY，表明要取得任意子进程的结束状态。如果 pid 等于 0 或 WAIT_MYPGRP，表明要取得任意同一个进程组的子进程的结束状态。如果是一个负数-pgid，表明要取得进程组号是 pgid 的任意子进程的结束状态。

如果要求的子进程状态立刻是可用的，则函数 waitpid 马上返回。如果多于一个进程有可用的结束状态，则由系统随机地选择一个。要得到其余的退出状态，必须不断的调用函数 waitpid。

options 是一个位掩码，有两个可用的值：WNOHANG 和 WUNTRACED。WNOHANG 表明函数 waitpid 的调用不需要等待，马上返回。WUNTRACED 表明从已经结束的进程中获得结束状态码。

返回值一般是子进程的进程号。如果没有马上可用的结束状态，并且 WNOHANG 没有设置，函数 waitpid 会一直等待，直到有可用的子进程结束状态。如果设定 WNOHANG，函数 waitpid 会立即返回，返回值是 0。如果发生错误，返回-1。

函数 wait 是函数 waitpid 的一个简化版本。

```
pid_t wait(int *status_ptr);
```
实际上，wait(&status)和下面的调用功能相同：

```
waitpid(-1,&status,0);
```
等待任意子进程返回，并取得结束状态值。

```
void
sigchld_handler(int signum)
```

```
{
    int pid, status, serrno;
    serrno=errno;
    while(1)
    {
        pid=waitpid(WAIT_ANY, &status, WNOHANG);
        if(pid<0)
        {
            perror("waitpid");
            break;
        }
        if(pid==0)
            break;
        notice_termination(pid, status);
    }
    errno=serrno;
}
```

如果程序之中子进程先退出，它并不能立即从进程表中消失，它向父进程发送一个信号。只有父进程确认后，子进程才能彻底从进程表中撤除。在子进程退出但是没有得到父进程确认之前，子进程处于 zombie 状态。确认子进程的方法是调用 wait 类函数。当父进程先退出时，子进程实际上被 init 收养，有 init 负责确认子进程退出。

8.2.6 进程创建的完整例子——执行外部命令

程序中执行另外程序的最简单的方法是用 system 函数，这个函数能够完成所有运行一个子程序的准备工作，但是它给予你控制某些细节的机会很少，你只能等待函数返回，期间不能做任何事情。该函数的原形如下：

```
int system(const char * command);
```

command 是一个命令，系统总是通过 shell 来执行，这意味着可以执行任何命令而不需要给出执行的方法。它返回命令执行的返回值。

这个函数完全可以通过我们学过的方法自己实现，下面给出一个自己的实现。

程序 10-11：执行外部命令的实现代码

```
#include <stddef.h>
#include <stdlib.h>
#include <unistd.h>
#include <sys/types.h>
```

```
#include <sys/wait.h>

#define SHELL "/bin/sh"

int
my_system(const char * command)
{
    int status;
    pid_t pid;
    pid=fork();
    if(pid==0)
    {
        //child process,execute the command
        execl(SHELL,SHELL,"-c",command,NULL);
        _exit(EXIT_FAILURE);
    }
    else if(pid<0)
        //fork failed,report failure
        status=-1;
    else
        //parent process, wait the end of child
        if(waitpid(pid,&status,0)!=pid)
            status=-1;
    return status;
}
```

  这个例子有两点需要注意：一是 execl 调用中第一个 SHELL 表示调用的程序，第二个 SHELL 表示 argv[0]，它的值也是可执行程序名称。另外一个是如果 execl 函数调用成功，就不会返回，再也不会执行下面的语句。当执行失败时，才执行_exit 函数。

思考和练习

1. 怎样在你自己的程序中实现根据命令行中不同的开关实现不同的功能？
2. 环境变量的设置和读取通过什么 shell 命令？怎样通过环境变量给程序传递信息？
3. 建立一个程序，实现从命令行中不断读取输入，作为命令执行后输出执行结果。
4. exit（）函数和_exit()函数有何区别？
5. fork（）函数和 vfork（）函数有何区别？
6. 编写一个多任务文件搜索的程序。为了搜索包含某字符串的文件，需要对同一个目录下的每一个文件进行搜索，如果遇到下级目录，则产生一个新进程完成下级目录的搜索任务，不断递归下去。把搜索结果显示到屏幕上。

第九章 信号

信号是一种"软中断"，它可以由一个进程向另一个进程发送，用来进行进程间的同步。也可以由系统向一个进程发送，用来向进程报告一些特定的事件。这些事件包括一些致命的错误，如对内存地址的错误引用；也包含一些普通的事件，比如通讯的突然终止等。对于致命的错误引起的信号，在缺省的情况下，会引起程序的运行终止。而对于普通的事件引起的信号，缺省情况下往往忽略对该信号的处理。

如果你希望当某个信号到来时你要对引起该信号的事件进行处理，你可以定义一个函数句柄并向系统注册，当信号到来时，系统就会调用你定义的函数，使你得以处理特定的事件。

9.1 信号的基本概念

9.1.1 信号的种类

信号是由一些特殊类型的事件引起，这些信号如下：
- 程序错误，比如错误的地址引用或除数是零等。
- 用户发送的信号，比如从控制台的键盘输入 ctrl+c 或 ctrl+z，系统就会给当前的进程发送终止或暂停的信号。
- 子进程的结束。
- 程序建立的定时器或闹钟溢出。
- 进程调用 kill 函数给另外的进程发送信号。这也是程序间互相通讯的一种方式。
- 试图进行某种 I/O，但由于条件的变化而不能完成。比如正在从建立的网络连接中读取数据，但连接突然中断了。

上面的每种事件都能引起一类信号。我们后面将详细地描述这些信号。

9.1.2 信号的发生

一般情况下，信号的发生不外乎三种情况：错误、外部事件和直接申请的信号。

错误是指程序所做的操作是无效的，从而不能继续执行下去。但是，并不是所有错误都引起信号。比如，对库函数的错误调用，如调用 open 函数打开一个不存在的文件，只能使 open 函数返回代表错误地返回值-1，而不能引起信号的发生。事实上，对于调用库函数发生的错误，一般都是通过返回错误的代码报告错误发生。只有那些在程序的任何位置都可能发生的错误，才会产生信号，报告错误的发生。比如，除数为 0 或无效的地址引用等，不论在程序的什么位置，都会引起信号的产生。

外部事件一般和 I/O 操作或多进程有关。包括外部输入到达、输出缓冲区空、子进程结束等。

直接申请是指调用库函数 kill 来向系统申请发送信号给某一个进程。

一个信号要么属于同步发生，要么属于异步发生。同步发生的信号往往是由程序自身的一个动作引起的，在动作发生时信号就进行了传递。大部分错误引起的信号都是同步发生的。但是在某些系统中，硬件错误引起的信号会拖延一小段时间。还有同一个进程调用 kill 发送给进程自己的信号也是典型的同步发生的信号。

异步发生的信号是由进程以外的事件引起的信号。从事件的发生到信号的传递的时间是不确定的。外部事件引起的信号是典型的异步信号。由一个进程向另外一个进程通过调用 kill 函数引起的信号也是一种典型的异步信号。

一个给定的信号要么属于同步信号，要么属于异步信号。但是任何一类信号都可以通过直接调用来同步产生或异步产生。

9.1.3 信号的传递与响应

信号产生后，往往需要延迟一小段时间才传输到接收的进程。然而，如果信号被阻塞（blocked），它将被延迟一段不确定的时间——直到信号的阻塞被取消，然后会立即传送给接收进程。

不管信号以何种方式被传送到接收进程，对应于该信号的特定动作就会被执行。对于某些特定的信号，比如 SIGKILL 和 SIGSTOP 信号，动作是确定的。然而，对于大多数信号，程序可以选择不同的响应方式：忽略这个信号；指定一个该信号到来时执行函数的句柄；或者接受那一类信号的缺省动作。进程可以用函数 signal 或 sigaction 来选择上述的方式。如果信号到来时引起了指定句柄的函数执行，我们说该句柄俘获了信号。那么当指定句柄的函数执行时，相应的信号通常被阻塞。

如果和某信号相应的动作为忽略该信号，那么产生的任何该种信号都会被立即丢弃。甚至于本来该信号应该阻塞的情况下也是如此。在这种情况下被丢弃的信号永远也不会再传递，即使稍后进程重新定义了响应该信号的动作，取消了对该信号的阻塞也是如此。

如果和某信号相应的动作既不是忽略该信号，也不是通过函数句柄响应该信号，那么，当信号到来时，相应与该信号的缺省动作就会执行。每一个信号，都有自己的缺省动作，对于大多数信号，缺省动作是结束进程。但是对于那些代表无害事件的信号，缺省的动作是什么都不做。

正如前面讲过的，当一个进程结束时，它的父进程可以通过 wait 或 waitpid 函数取得结束信息，这也包括进程是被信号结束的情况。父进程不仅能够得到子进程被信号终止的信息，而且能够知道被何种信号终止。比如，当一个 shell 运行的程序被信号终止时，shell 就能够用这种方法获取终止信息并打印出来。

对于那些代表程序错误的信号，还有一个特殊的功能：当该信号迫使程序终止时，系统能产生一个内核转储文件来记录终止前进程在内存中的状态。你能够通过一些调试工具检查转储文件来确定发生错误的原因和当时的情况。

如果你直接调用产生一个代表程序错误的信号,那么不仅结束进程,而且产生内核转储文件,就像真的有错误发生一样。

9.2 一些标准的信号

这一节我们介绍一些标准信号的名称以及它们代表的事件。每一个信号名称是一个代表正整数的宏,但是你不要试图去推测宏代表的具体数值,而是直接使用名称。这是因为这个数值会随不同的系统或同样系统的不同版本而不同,但是名称还算是标准化和统一的。

这些名称定义在 signal.h 中。

int NSIG 是一个定义的宏,它描述了定义的信号的数量。由于信号的数值是从 0 开始连续分配的,所以,NSIG 比系统中所定义的最大的信号数值大 1。

9.2.1 程序出错信号

下面介绍的信号是由程序的错误造成的。这些严重的错误会被计算机或操作系统检测出来。一般情况下,产生了这种信号表明你的程序遭到严重的破坏,没有办法继续完成产生错误的计算。

很多程序要控制这些信号是要在程序退出前进行一些清理工作。比如,关闭临时文件、清理缓冲区等。程序可以注册一个函数句柄来完成这些工作,然后再让系统执行缺省的操作来结束进程的执行。终止可能是产生这类错误的程序的最后的操作,但也有例外,比如一些在解释环境中执行的程序,产生错误时需要返回解释环境本身。

这类信号的缺省动作就是终止程序的执行。如果你定义了自己的处理,而没有最后调用终止进程,或者阻塞或忽略了该信号,那么你的程序可能会造成极其严重的后果。除非这个信号本身并不是出错产生的,而是通过调用 kill 函数或 raise 函数直接通过系统发送的。

当这些信号结束进程时,系统会产生一个内核转储文件,用来记录发生错误退出前程序的状态。内核转储文件的文件名是 core,它会被写到当前进程的当前目录中。在 Linux 系统中,你也可以通过环境变量 COREFILE 来设定产生内核转储文件的文件名。产生内核转储文件的目的是帮助你事后利用调试器查明产生错误的原因。

下面逐一介绍这类信号的名称:

int SIGFPE

这个信号表明产生了一个致命的算术运算错误。尽管该信号的名称来源于"浮点异常(floating-point exception)",但是,它实际上包含了所有的算术指令错误,包括除数是 0 和溢出等。

int SIGILL

这个信号的名称来源于"非法的指令（illegal instruction）"，它往往意味着你的程序要执行根本无法译码的指令或你无权执行的特权指令。既然 C 语言只能编译产生有效的合法的指令，所以 SIGILL 信号很多情况下表明可执行文件破坏了，或者正在把数据当作代码来执行。后一种情况往往是由于把一个指针错当成函数指针传递，或者数组越界破坏了堆栈段的数据，使其中的函数返回地址错误等。SIGILL 也可以由堆栈溢出，或者系统无法执行传递给系统的信号响应函数的句柄引起。

int SIGSEGV

当程序试图读或写系统分配给它的内存以外的存储器，或者写只有读权限的存储器时会发生这个信号。实际上，由于操作系统检测机制的限制，对程序的检测并不是那么及时，往往只有当超出范围很远时系统才会检测出来。信号的名称来源于"段变异（segmentation violation）"。这个信号的发生往往是由于引用没有初始化或空的指针，或者用指针引用数组时由于疏于检查而越界。

int SIGBUS

这个信号由于引用无效的指针产生。和 SIGSEGV 相似，典型情况下，它也是由于没有正确初始化指针引起的。它们的区别是，SIGSEGV 是用无效的指针引用了有效的内存地址，而 SIGBUS 是引用了无效的内存地址。SIGBUS 通常的产生是因为没有正确初始化指针变量，比如，指针指向 8 字节对齐的变量而引用的地址是奇数。该信号的名称是"总线错误（bus error）"的缩写。

int SIGABRT

这个信号是程序调用函数 abort() 产生的。关于函数 abort() 的用法，参见前面的有关章节。

int SIGIOT

在 Linux 系统中，它是 SIGABRT 的另一个名称。

int SIGTRAP

该信号是由计算机的断点指令产生的。调试程序使用该信号。当程序执行到设置断点的指令，引起发送该信号，同时调试程序捕获该信号，获得控制权，进行程序的调试。因此，你的程序是无法看到该信号的。

int SIGEMT

模拟自陷信号。它是由系统未能实现，必须由软件模拟的指令引起的。截获该信号，并在软件中模拟引起信号的指令的执行。

int SIGSYS

错误的系统调用。就是说，程序进行了系统调用，但是传递给系统的调用号是错误的，系统无法完成调用。

9.2.2　程序终止信号

这些信号都是用来告诉程序通过某种方式结束。它们之所以有各种不同的名称，是因为它们使用的目的稍有不同，或者程序希望用稍微不同的方式处理它们。虽然这些信号对程序的后果都是相同的，都是结束程序的执行，但还是有理由处理这些信号。通常是因为程序希望在结束之前能够清理一下，比如，能够记录下某种状态，等等。

缺省的处理（目前）是结束进程的执行。

int SIGTERM

该信号是一个最普通的让程序结束的信号。进程可以阻塞、控制和忽略该信号，它是礼貌地要求一个程序结束的普通的方法，比如，通过 shell 命令 kill 在缺省情况下就发送该信号结束进程。

int SIGINT

该名称是 program interrupt 的缩写，当用户从控制台输入终止字符（通常是 Ctrl-c）时发送给进程的信号。

int SIGQUIT

该信号和 SIGINT 相似，区别是它通过用户输入退出字符（通常是 Ctrl-\）来产生，进程处理退出外，还要产生内核转储，就像接收到了错误信号一样。对于这个信号，你可以认为是用户发现了程序错误而通知程序的一种方法。在处理该信号时，某些退出清理最好不要做，这样能够让用户可以通过转储的内核来察看当时的状态。

int SIGKILL

SIGKILL 信号用来让进程立即终止，它不能被控制和忽略，总是致命的，也不能阻塞。该信号通常只能通过特定的命令直接产生，既然它是不可忽略的，你应该把它作为最后的手段使用，而首先使用不太激烈的手段，如 Ctrl-c 或者 SIGTERM 等方法。如果一个进程对其他结束信号没有响应，则采用 SIGKILL 信号，总是能让程序结束。事实上，如果 SIGKILL 信号也不起作用的话，你就应该报告一个内核错误。当一个进程由于某种原因不能再进行下去的时候，系统也能够发送该消息结束进程的执行。

int SIGHUP

SIGHUP 信号（hang up）报告用户的终端已经从系统中断开，或者用来作为作业控制的手段。

9.2.3 闹钟信号

这类信号用来表明定时器激活，信号的缺省行为是让进程结束。虽然这种缺省行为通常是没有什么用处的，但是没有其他的缺省行为可用。因此，往往需要程序用自己的函数控制该类信号的行为。

int SIGALRM

该信号被使用实际时间或时钟数的定时器使用，比如，alarm()函数。

int SIGVTALRM

该函数被使用当前进程使用的 CPU 时间的函数使用。

int SIGPROF

该信号用来表明当前进程使用的CPU时间和为当前进程服务的系统消耗的CPU时间的综合,一般用来生成代码的简略概括。

9.2.4 异步I/O信号

这类信号和异步I/O操作有关,你必须通过直接调用 fcntl() 函数才能使某些文件描述符产生该信号。该信号的缺省动作是忽略该信号的作用。

int SIGIO

SIGIO 信号是当某个打开的文件描述符已经准备好输入输出时才会发送该信号。在许多系统上,只有终端和套接口才可能发送这个信号,而普通的文件不会发送这个信号。在 GNU 系统上,任何文件,只要你说明它是异步打开,就可能发送这个信号。

int SIGURG

这个信号只用来表示套接口接受到紧急或者带外数据时使用,参看后面的网络编程的部分。

int SIGPOLL

系统 v 的信号,和 SIGIO 相似,只是为了兼容的目的才设立。

9.2.5 作业控制信号

这一组信号用来支持作业控制,一般情况下,你可以不用管这些信号,采用系统缺省的行为就可以了,除非你确切知道该怎样控制作业系统的工作。

int SIGCHLD

当一个子进程结束时,就会向父进程发送该信号。该信号的缺省行为是忽略,当进程建立起一个处理该信号的函数句柄,并且这是已经有 zombie 进程存在,那么是否产生该信号由系统决定。

int SIGCLD

信号 SIGCHLD 的旧名称。

int SIGCONT

这个信号的作用是当进程被停止后使进程继续执行,而不做任何其他的工作。你不能阻塞该信号,但是你可以为该信号设置一个处理函数句柄,它总是使进程无条件地执行下去。大多数程序没有理由控制该信号,它们只是简单地继续被中断的操作。你可以利用该处理函数的句柄完成一些你需要的特殊工作,比如,重新打印一些提示信息,如果程序是因为等待输入而被挂起的话。

int SIGSTOP

该信号停止一个进程,它不能被控制、忽略和阻塞。

int SIGTSTP

这是一个交互式的停止信号。不像 SIGSTOP,它可以被控制或忽略。当你从控制台输入 SUSP 字符（Ctrl-z）时,就会产生该信号。

```
int SIGTTIN
```
当一个进程在后台执行时，它不能从用户的终端中读入任何输入。当一个后台进程试图从用户终端读时，所有进程都会接受到一个 SIGTTIN 信号。该信号的缺省操作是停止进程，从而让需要输入的后台进程能够到前台读入需要的输入信息。

```
int SIGTTOU
```
它和 SIGTTIN 相似，只是发生在后台进程写终端时。

当一个进程停止时，任何信号都不会再传递给它，除了 SIGKILL 和 SIGCONT 信号（显然），所有给它的信号标记为未定的（pending），并且只有当进程重新进入执行状态时才得到最终传递。SIGKILL 信号总是迫使进程结束，而且不能阻塞、忽略和控制。你可以忽略 SIGCONT 信号，但是它总是能够使被停止的进程继续执行。一个 SIGCONT 信号可以让所有未定的停止信号被丢弃，类似的，一个停止信号能让未定的 SIGCONT 信号丢弃。

9.2.6 操作错误信号

这组信号都是由进程的操作错误引起的，它们不必是程序的错误，而是任何阻止操作完成的错误。这些信号的缺省操作是中止进程的执行。

```
int SIGPIPE
```
如果你使用管道或者 FIFO 进行进程间的通讯，你必须让你的应用程序在写入一个管道之前先有一个程序已经打开了该管道并且已经开始读取数据。如果这时没有开始，或者读管道的进程意外退出了，那么写操作就会产生一个 SIGPIPE 信号。如果 SIGPIPE 信号被阻塞、控制或忽略，那么写操作将返回错误，错误代码是 EPIPE。更进一步的信息参见后面的相关章节。

```
int SIGLOST
```
该信号表明资源的丢失，在 GNU 系统中，通常任何提供服务的服务器意外死机，都能引起该信号。一般忽略该信号并无不妥，因为和这种操作相关的错误都能使相关函数返回错误。

```
int SIGXCPU
```
CPU 时间限制到。该信号表明对进程使用的 CPU 时间的限制已经达到。

```
int SIGXFSZ
```
该信号表明进程试图增长文件超过系统对文件长度的限制。

9.2.7 外围信号

这组信号用于各种各样的目的，一般不会影响进程的执行。

```
int SIGUSR1
int SIGUSR2
```

这两个信号可以用来完成你希望的任何目的，通常用来进行网络通讯。如果你在一个进程里有用来接受该信号的程序，你的另外的进程就可以发送信号给相应的进程。这个信号的缺省操作是终止进程的执行。

int SIGWINCH

系统终端的每屏行数和列数发生改变时发送该信号。它的缺省操作是忽略。如果是一个全屏幕输出的程序，则需要控制该信号，根据新的每屏行和列数重新初始化输出。

int SIGINFO

该信号可以由控制台通过键盘发送给所有前台进程组的进程。如果接收信号的进程是领头进程，那么它一般会打印一些系统信息和进程的一些当前信息，如果是其他进程，那么缺省情况下不会做任何事情。

9.2.8　信号消息

我们上面提到的标准信号都可以用一个系统提供的字符串描述。我们用函数 strsignal()和 psignal()来获取相关的字符串。

char * strsignal(int signum)

该函数返回一个已经分配好的静态字符串，用来描述 signum 信号相关的文字信息。你无权修改这个返回的字符串，并且，既然在另外的调用中能够重写该字符串，如果你需要在后面的程序中使用，必须自己保存该字符串的备份。该函数是 GNU 系统的扩充，它的原型包含在 string.h 头文件中。

void psignal(int signum, const char *message)

该函数输出一个描述 signum 信号的消息到标准错误输出。如果传递该函数的 message 是一个 NULL 指针或空串，这个函数只打印和信号相关的标准的消息。如果你传递给函数非空的 message 参数，那么系统会先输出 message 字符串，然后输出相关消息。该函数在 signal.h 文件中声明。

9.3 特定信号的反应

改变进程对信号相应的最简单的方法是使用 signal()函数，你可以采用一种内建的方法，也可以建立一个处理该信号的函数句柄。GNU 的库也提供了另外一种更灵活的方法，使用 sigaction()函数。本节将描述这两种方法，并就何时何处使用这两个函数提出建议。

9.3.1　信号的控制的基本方法

signal 函数提供简单有效的方法提供对特定信号的反映。该函数和相关的数据类型都包含在 signal.h 文件中。

sighandler_t，这是一个数据类型，用来说明信号控制函数句柄的类型。信号函数应该是这样的：

```
void handler(int signum);
```

这种类型的函数的指针就是 sighandler_t 类型，它是 GNU 的扩展类型。

函数 signal 的原型如下：

```
sighandler_t signal(int signum, sighandler_t action);
```

signal 函数建立 action 作为信号 signum 的处理函数，signum 应该采用上面我们说的符号名称，而不要直接使用数字，这是因为在不同的操作系统中符号的定义还算统一，但是数字的定义就大相径庭了。

参数 action 可以有不同的选择，简要说明如下：

SIG_DFL，表示选择缺省行为作为信号的处理函数。各种信号的缺省处理方法上面已经给出。

SIG_IGN，表示选择对信号忽略的处理方法。你的程序通常不应该忽略任何重要的信号，因为如果信号表示一个严重的事件，那么你对它忽略可能引起严重的后果。而 SIGKILL 和 SIGSTOP 信号根本就不允许你忽略。如果退出信号是由用户发出的，你忽略用户的退出企图，会引起用户认为你的程序不友好。当你希望暂时不要对信号进行响应时，应该采取阻塞信号的方法，而不要忽略它。

handler，这是一个函数指针，一般是你定义的函数，用来处理到达的信号。函数的定义方法，可以参加下面的例子。

如果你选择忽略该信号，或者虽然选择了缺省行为，但是缺省为忽略时，所有未定信号都会被丢弃，即使以后你通过 signal 函数又改变了相关动作也是一样。

signal 函数正确返回先前使用的处理函数句柄。如果 signal 函数不能正确完成，返回错误代码 EINVAL，表示你使用了一个无效的信号编号，或者试图为 SIGKILL 或 SIGSTOP 提供处理函数。

下面举例说明简单的用法：

程序 11-12：signal 函数示例

```
#include <signal.h>
void
termination_handler(int signum)
{
    struct temp_file *p;
    for(p=temp_file_list;p;p=p->next)
        unlink(p->name);
}

int
main(void)
{
```

……
```
        if(signal(SIGINT,termination_handler)==SIG_IGN)
            signal(SIGINT,SIG_IGN);
        if(signal(SIGHUP,termination_handler)==SIG_IGN)
            signal(SIGHUP,SIG_IGN);
        if(signal(SIGTERM,termination_handler)==SIG_IGN)
            signal(SIGTERM,SIG_IGN);
……
    }
```
上面的例子中我们充分尊重了系统原来的设定，这是因为这种情况发生在系统不具有作用控制能力的时候，这种尊重很重要。

9.3.2 信号的控制的高级方法

sigaction 函数的基本作用和 signal 函数相同,但是 sigaction 函数能提供给你更多的控制能力，特别是能够提供附加的标志，用来表明信号产生时怎样激活控制函数句柄。

sigaction 函数和相关的数据类型定义在 signal.h 中。

struct sigaction 是一个数据类型，它能用来向 sigaction 函数表明控制某个特定信号的方法，它包含如下的结构成员：

sighandler_t sa_handler，这个成员变量相当于 signal 函数中的 action 参数，它的取值仍然是 SIG_DFL, SIG_IGN 或者定义的函数句柄。

sigset_t sa_mask，该成员定义了一组信号，当上面的函数句柄执行时该组信号被阻塞。

int sa_flags，它定义了一些标志影响信号的行为。

9.3.3 signal()函数和 sigaction()函数的关系

在同一个程序中使用 signal 和 sigaction 函数是可能的，但是你得十分小心，因为它们处理的方式稍有不同。sigaction 函数能够表述更多的信息，所以，可以认为 signal 函数不能表述 sigaction 函数所有的可能性。如果你用 signal 函数保存信号的动作然后恢复它，那么当这个信号的动作是用 sigaction 函数建立的话，将丢失某些信息。

为了避免出现这种结果，如果你的程序使用了 sigaction 函数，那么希望你始终使用该函数，而不要和 signal 函数混用，以避免不适当的影响。基本的 signal 函数具有更广泛的兼容性。

9.3.4 sigaction 函数举例

在上面的章节中，我们给出使用 signal 函数的例子。下面我们用 sigaction 函数实现同样的功能。

程序 11-13：sigaction 函数示例

```c
#include <signal.h>

void
termination_handler(int signum)
{
    struct temp_file *p;
    for(p=temp_file_list;p;p=p->next)
        unlink(p->name);
}

int
main(void)
{
    ... ...
    struct sigaction new_action,old_action;
    new_action.sa_handler=termination_handler;
    sigemptyset(&new_action.sa_mask);
    new_action.sa_flags=0;
    sigaction(SIGINT,NULL,&old_action);
    if(old_action.sa_handler!=SIG_IGN)
        sigaction(SIGINT,&new_action,NULL);
    sigaction(SIGHUP,NULL,&old_action);
    if(old_action.sa_handler!=SIG_IGN)
        sigaction(SIGHUP,&new_action,NULL);
    sigaction(SIGTERM,NULL,&old_action);
    if(old_action.sa_handler!=SIG_IGN)
        sigaction(SIGTERM,&new_action,NULL);
    ... ...
}
```

这里实现和前面相同的功能，使用 signal 函数时我们保持原来为"忽略"的信号处理方式不变，方法是重新改变信号处理方式到原来状态。我们用 sigaction 函数时，可以首先获得当前的信号处理设置，然后再判断是否应该更改。

我们也可以用下面的方法检查当前设置的信号处理方式的类型：

```
struct sigaction query_action;

if(sigaction(SIGINT,NULL,&query_action)<0)
    //error
else if(query_action.sa_handler==SIG_DFL)
    //default
else if(query_action.sa_handler==SIG_IGN)
    //ignored
else
    //a user defined handler
```

9.3.5　sigaction 函数的标志

结构 sigaction 成员中的标志 sa_flags 是一个位掩码（bit mask），提供特定的函数调用性质。每一个信号都有自己独有的一套标志，每次函数调用只是改变函数中提供的信号的标志，不会影响其他信号的标志。

如果你用 signal 函数调用处理一个信号，那么你就把该信号的标志设置成了 0，这是缺省的情况。

下面介绍几个在 signal.h 中定义的标志。

int SA_NOCLDSTOP

这个标志只是对 SIGCHLD 信号有意义。如果该标志被置位，系统将只为已经结束的子进程发送该消息，而不为停止的进程发送消息。如果该标志被清除，则系统将为两种状态的子进程都发送消息。

该标志对于其他信号没有任何影响。

int SA_ONSTACK

如果某个信号的这个标志被置位，信号到来时系统将使用信号堆栈来调用信号处理函数。请参考后面的相关章节。

int SA_RESTART

这个标志控制当进程进行原始操作（open，read，write 等）时被信号打断，当信号句柄返回时系统的行为。当这个标志置位时，信号句柄返回后，系统修复原始操作的过程，使原始操作进行下去。当该标志被清除，信号句柄返回时，原始操作将返回错误，错误代码为 EINTR。

9.3.6　初始化信号回调

当新的进程产生时，它继承父进程的信号句柄。然而，当你用 exec 函数装入一个执行程序时，所有你自己定义的回调函数句柄都变成 SIG_DFL。当然，新程序可以重新建立它自己的信号处理句柄。

当 shell 程序装入可执行程序时,一般把信号句柄设置成 SIG_DFL 或 SIG_IGN。一般来说希望建立自己的句柄前要检查 shell 建立的缺省设置是什么。

下面举例说明初始化信号句柄的代码:

```
...
struct sigaction temp;

sigaction(SIGHUP,NULL,&temp);
if(temp.sa_handler!=SIG_IGN)
{
    temp.sa_handler=handle_sighup;
    sigemptyset(&temp.sa_mask);
    sigaction(SIGHUP,&temp,NULL);
}
```

9.4 定义信号句柄

下面描述如何写一个可以作为信号句柄的函数,这个函数可以用作 signal 或者 sigaction 函数的参数。这个函数和你的其他代码一样编译和连接,所不同的是该函数通过 signal 函数或 sigaction 函数调用将函数指针通知系统,当信号到来时,再由系统调用该函数。这种函数一般采用两种基本的方法:

● 你可以在信号回调函数中记录信号到来的情况下,可以通过存取一个全局的结构变量实现,然后正常地返回。

● 你可以结束进程的执行,或者将进程控制到能够修复产生信号的情况的执行代码。

写回调函数时需要特别注意的是这种函数是异步执行的,它可能在任何程序点被执行,无法预测。如果在一个信号的处理程序没有返回时另一个信号到来,那么可能一个回调函数在另一个之中被调用。我们将说明在写回调函数时避免做什么和应该做什么。

9.4.1 能够返回的信号句柄

正常返回的信号句柄通常用在诸如 SIGALRM,I/O 信号,进程之间以通讯为目的的信号等控制上。但是 SIGINT 信号也可以正常返回,同时设置一个标志告诉程序在合适的时机结束程序的执行。但是对于程序错误类信号正常返回是不安全的,将会导致无定义的、不可预知的状态。

正常返回的句柄应当设置一个标志,用来产生某种效用。比如,设置一个变量的值，该变量在主程序循环中周期性地检查，并处理各种标志的情况。下面我们简单的举例说明。

程序 11-14：信号处理函数和主函数关系示例

```c
#include <signal.h>
#include <stdio.h>
#include <stdlib.h>

//the flag to controls the termination of main loop.
volatile sig_atomic_t keep_going =1;

void
catch_alarm(int sig)
{
    keep_going=0;
    signal(sig,catch_alarm);
}

void
do_stuff(void)
{
    puts("Doing stuff while waiting for alarm...");
}
int
main(void)
{
    signal(SIGALRM,catch_alarm);
    alarm(2);
    while(keep_going)
        do_stuff();
    return EXIT_SUCCESS;
}
```

9.4.2 结束进程的信号句柄

结束进程的信号句柄一般用来有条不紊地进行清除工作或者恢复程序错误，最简捷的方法是在程序的开始重新给本进程发送同样的信号，可以用 raise() 函数实现。

```c
volatile sig_atomic_t fatal_error_in_progress = 0;
```

```
void
fatal_error_signal(int sig)
{
    //既然同一个句柄可以被不同的信号使用，所以
    //需要一个静态变量标志是否在其他致命错误的处理中
    if(fatal_error_in_progress)
        raise(sig);
    fatal_error_in_progress=1;
    //清理工作：
    //-恢复正常的终端模式
    //-杀死所有的子进程
    //删除锁定文件等
    ......
    //恢复原来信号的缺省设置
    signal(sig,SIG_DFL);
    //重新发送信号
    raise(sig);
}
```

9.4.3 信号函数中的非局域转移

在信号处理句柄中可以使用 setjmp() 函数或 longjmp() 函数进行跳转, 跳转出整个信号处理函数。这时主程序的执行会被中断, 从新的调转程序点继续执行。这会引来问题。如果这时主程序正在修改一个重要的数据结构, 那么也许会引起数据结构的不完整。有两种方法可以避免这个问题。一种是在处理重要的数据结构时阻塞信号的传递, 在数据结构处理完成时再恢复信号的传递。另一种方法是在信号处理程序中重新初始化重要的数据, 保证这些数据的完整性。

下面是一个原理性的例子:

程序 11-15: 非局域转移

```
#include <signal.h>
#include <setjmp.h>

jmp_buf return_to_top_level;
volatile sig_atomic_t waiting_for_input;

void
handle_sigint(int signum)
{
```

```
            waiting_for_input=0;
            longjmp(return_to_top_level,1);
        }


    int
    main(void)
    {
        ... ...
        while(1)
        {
            prepare_for_command();
            if(setjmp(return_to_top_level) == 0)
                read_and_execute_command();
        }
    }
    //假定下面的函数需要在上面的命令循环中使用
    char *
    read_data()
    {
        if(input_from_terminal)
        {
            waiting_for_input=1;
            ... ...
            waiting_for_input=0;
        }
        else
        {
            ... ...
        }
    }
```

9.4.4 信号函数执行时到达的信号

当某种信号的处理函数正在执行时，这种信号将自动进入阻塞状态，直到处理函数返回。这就意味着当两个相同的信号连续发出时，后一个信号将被阻滞直到前一个信号处理完成。当然，也可以通过 sigprocmask 恢复信号的传递，这是会有相同的信号同时到来。

一般情况下，一个信号处理函数正在运行时，更担心被其他信号打断。为了避免这种情况，你可以利用传递给 sigaction 函数的 action 结构成员 sa_mask 直接通知系统当函数运行时阻塞某些信号的到达。

当信号处理函数返回时，原来被阻塞的信号就会恢复传递。所以，在信号函数中使用 sigprogmask 只能影响信号函数执行时什么信号可以到达，但不能影响信号函数返回后的情况。

9.4.5 时间相近信号的合并

如果你的信号处理句柄根本没有机会执行之前就有若干个相同信号到达，那么你的信号处理函数只会被调用一次，像只有一个信号到达一样。事实上，这些信号被"合并"了。这种情况经常发生在一个繁忙的多任务环境，系统忙于进行其他任务的处理时发生。这就意味着，你不可以通过一个信号处理函数调用的次数来确定信号达到的个数，你只能断言在过去的特定时间里，至少发送了一个信号。

下面举一个例子。我们将写一个处理 SIGCHLD 信号的句柄，它能够补偿接收信号的次数和实际结束进程的数量不相等的情况。假定程序把子进程保存在一个如下的链表结构里：

```
struct process
{
    struct process *next;
        //child process id
    int pid;
        //presume to communicate by pipe
    int input_descriptor;
        //none zero if the process stopped or terminated
    sig_atomic_t have_status;
        //the return status of child,0 is running
    int status;
};
```

```
struct process *process_list;
```

例子中使用一个变量标志一段时间内有信号到达，在信号处理程序中变为非 0，主程序处理完成后清 0。

```
int process_status_change;
```

下面是信号处理程序：

```
void
sigchld_handler(int signo)
{
    int old_errno=errno;
```

```
        while(1)
        {
            register int pid;
            int w;
            struct process *p;
            //
            do
            {
                errno=0;
                pid=waitpid(WAIT_ANY,&w,WNOHANG|WUNTRACED);
            }while(pid<=0 && errno==EINTR);
                //不再有停止或结束的子进程
            if(pid<0)
            {
                errno=old_error;
                return;
            }
            for(p=process_list;p;p=next)
                if(p->pid==pid)
                {
                    p->status=w;
                    p->have_status=1;
                    if(WIFSIGNALED(w)||WIFEXITED(w))
                        if(p->input_descriptor)
                            FD_CLR(p->input_descriptor,
                                &input_wait_mask);
                    ++process_status_change;
                }
        }
    }
```

下面是检查状态的方法：

```
if(process_status_change)
{
    struct process *p;
    process_status_change=0;
    for(p=process_list;p;p=p->next)
    {
        if(p->have_status)
        {
```

```
                ...
            }
        }
    }
```

在上面的一段程序中，首先置零 process_status_change 是很重要的，如果不这样做，可以假定恰好在检查完进程列表和清零 process_status_change 之间到来一个信号，那么程序将没有办法知道发生的情况，只有下一个信号到来才可能重新触发检查程序执行。虽然可以用阻塞信号的方法保证操作的原子性，但使用正确的顺序保证操作的正确更雅致。

循环中首先判断 p->have_status 的值然后才改变 p_status 也是为了防止在检查 p_status 时它的值改变。

下面介绍一个查看状态的方法，该方法记录上次查看时的 process_status_charge 的值，通过该变量值的变化确定是否有程序退出消息。这个方法的优点是程序的不同部分可以独立地查看自从上次检查到现在的情况，相互没有干扰。

```
sig_atomic_t process_status_change;
sig_atomic_t last_process_status_change;
... ...
{
    sig_atomic_t prev=last_process_status_change;
    last_process_status_change=process_status_change;
    if(last_process_status_change!=prev)
    {
        struct process *p;
        for(p=process_list;p;p->next)
            if(p->have_status)
            {
                ... ...
            }
    }
}
```

9.4.6 信号句柄和非重入函数

信号控制函数一般不要做很多事，最好只是标志一个外部变量，而在其他程序中不断的检查该变量，实质性的工作都留给这些程序去做。这是因为信号是一个异步发生的过程，其发生是不可预测的，也许在一个函数的中间，或者一个结构的赋值中间，甚至于一个表达式的计算中间，所以信号处理程序中看到的数据对象对它来说应该是易变的和不完整的。

这意味着你应该在你的信号处理程序中特别小心，对于下面的情况更要注意：

- 如果信号程序中要存取某一个全局对象，应该在程序中用关键字 volatile 声明此变量。这样声明的目的是告诉编译器，该对象会被不同的异步进程使用，不用进行特别的优化。例如，有下面的程序：

```
... ...
flag1=0;
while(flag1&&flag2);
... ...
```

上例中一般情况下编译器会认为反正 flag1 已经为 0（假），下面的 while 循环只需要考虑 flag2 的条件就可以了。显然当 flag1 能够被信号程序改变的话我们就不需要这种优化，这时需要用 volatile 关键字声明该变量。

- 如果你在信号处理函数中调用了一个函数，你要么保证该函数是可重入的，要么保证在相关函数执行期间不会有信号到来。

- 如果一个函数使用了静态变量，或者全局变量，或者动态分配的对象，那么该函数是不可重入的，两个对同一函数的调用将引起相互的影响。

  比如，假定你的信号程序中使用了 gethostbyname（）函数，该函数使用一个静态对象返回结果，这个对象被每次调用重复使用。当在这个函数调用中，或者调用后（这是结果仍被程序使用），信号到达，信号处理函数被执行，这将使函数仍在使用的结果一塌糊涂。

  然而，你的主程序中如果从来不使用 gethostbyname（）函数或其相互影响的函数，或者当主程序使用这些函数时信号总是被阻塞，那么信号处理程序中使用 gethostbyname（）函数也就没什么妨碍了。

- 如果信号程序中改变一个你使用的对象，那么这个函数可能成为不重入的：两个调用如果使用了同一个对象，就会互相影响。

  这种情况在你使用流式 I/O 时可能发生。假定你的信号处理程序中需要用 fprintf（）函数输出信息，当主程序正在调用 fprintf（）函数通过相同的流输出数据时，发生信号，那么这两个调用的数据都有可能损坏。

  如果你确信信号处理程序中使用的流不可能同时被主程序使用，那么你的程序是安全的，尽管都使用了 fpritf（）函数。

- malloc（）函数和 free（）函数一般是不可重入的，因为它们使用静态的数据结构来存储空闲的内存块。所以，任何需要动态分配和释放内存的库函数都是不可重入的，包括那些只使用动态的内存来存储结果的函数。

  避免使用 malloc（）函数分配内存的方法是使用预先分配的内存而避免临时分配，使用 malloc（）函数。避免信号函数中使用 free（）函数的方法是只把要释放的内存作标记，比如加入到一个链表中，而主程序中不断去检查该数据结构，如果有需要释放的内存，则给予释放。这里也要小心处理，因为加入到链表等操作也不是原子操作。

- 任何修改 errno 变量的函数都是不可重入的, 但是你可以通过下面的办法补救: 在进入信号处理函数时保存 errno 变量, 在退出信号处理函数前恢复它。这个方法也可以用来对使用特定对象的函数进行补救, 在进入信号处理函数时保存特定的数据对象, 在退出前恢复它的值。

9.4.7 数据的原子操作和信号

由于读写一个对象一般需要多个指令才能完成, 所以信号到来时可能正好处在对这些对象的读写中间。有三种方法处理这个问题, 你可以使用总是被原子性操作的数据类型, 或者仔细安排使对数据对象的操作被打断时不会发生任何错误的结果, 或者在处理这些对象时阻塞所有的信号。

9.4.8 非原子操作带来的问题

下面通过一个例子说明问题:

```c
#include <signal.h>
#include <stdio.h>

struct tow_word {int a, b;} memory;

void
handler(int signum)
{
    printf("%d,%d\n",memory.a,memory.b);
    alarm(1);
}

int
main(void)
{
    static struct two_words zeros={0,0},
        ones={1,1};
    signal(SIGALRM,handler);
    memory=zeros;
    alarm(1);
    while(1)
    {
```

```
                memory=zeros;
                memory=ones;
        }
    }
```

这个程序只是简单地把 zeros 和 ones 交替地赋值给 memory 变量,而信号处理函数每 1 秒执行一次,把 memory 的打印出来。显然,我们希望打印出一对 0 或一对 1,但是,当我们真的去做实验时却发现我们有时打印出来的值是 0,1 或 1,0!这说明在很多机器上这两个整数的赋值并不是同时发生的,而是需要多个指令,所以才会出现这样的现象。

9.4.9 原子类型

为了避免打断对完整数据结构的操作带来的不确定性,我们可以采用一个总是进行原子操作的数据类型:sig_atomic_t。系统可以保证读写这些数据结构是发生在一个单一的指令内,让信号没有可能打断这个读写过程。

这个类型是一种 int 类型,事实上,你可以假设所有 int 类型和所有指针类型都是原子操作,应该在所有的 POSIX 兼容的系统上是正确的。

9.4.10 原子类型应用范式

恰当的操作方法可以避免即使在操作过程中被信号打断也不会出现问题。例如,信号处理函数中设置标志(仅仅标志),在主程序中不断地循环检测并清除它。可以设想,即使当需要多个指令操作时也不会引起问题。当正在检测标志时发生信号是安全的,因为如果检测到非 0 值,那么主程序会正常处理事件的发生,如果检测不到非 0 值,则在下一次检测时会检测到非 0 值。当正在清除标志时发生信号也可以是安全的,这时可能有两种结果:一种是最终标志变成非 0 值,那么这会是一个正常的情况,下一次检查标志时会处理发生的信号。另一种情况稍微复杂,就是最后得到 0,这种情况发生在恰恰就要清除标志时发生信号的情况。这种情况下如果你可以容忍下次信号到来时才处理,那么也不会引起问题。

有时候你需要确保操作某个对象时不会被中断,那么需要另外一个原子对象进行保护。这种情形是我们使用原子变量最多的情况。

9.5 被信号中断的原始操作

信号可以在一些原始的 I/O 操作中到来,比如 open() 或者 read() 调用正在发生时。如果信号返回,系统将采用什么处理方法呢?POSIX 建议采用立即让原始操作失败返回的方法,返回的错误代码是 EINTR。这种方法固然容易,但是对程序员来说便不很方便。一般情况下需要遵守 POSIX 规则的程序员在对库函数调用后检查返回值是否是 EINTR，并且准备再次调用来完成未完成的操作。如果忘记检测该种情况，那么会引起较大问题。

GNU 的库函数提供了一个方便的方法完成这一检测，就是使用 TEMP_FAILURE_RETRY 宏调用：

TEMP_FAILURE_RETRY (expression)，这个宏计算 expression 值直到它不等于 EINTR 为止。

你也可以选择使用 GNU 方法来实现信号的设置，避免上面提到的这种不便。你在设置信号句柄时使用 SA_RESTART 标志，当从信号处理返回时系统将修复被中断的原始操作。否则，系统中止操作返回 EINTR。

上面的说明并没有提到 read () 和 write () 函数的情况，在这种情况下，系统不会返回错误，而是返回实际读写的字节数，程序员可以通过适当的代码检测处理这种情况。这一点前面有过许多例子。

有人会认为这种信号对读写操作的打断会带来对网络、管道等通讯读写操作的不确定性，假设通过一个写操作发送过来的一包数据读时被信号打断，那么必须分两次才能读出，破坏了数据的原子性。其实这是不对的，系统保证从网络读取写入数据时信号的到来不会改变一个记录的原子性。

9.6 信号的产生

信号除了由硬件事件、用户操作等产生外，也可以由用户的进程产生。进程可以发送信号给自己或别的进程，实现进程间的控制。

9.6.1 进程自己产生

进程给自己发送信号可以使用 raise () 等函数：

int raise (int signum)，该函数通知系统发送信号 signum 给自身进程。它成功返回 0 失败返回-1，失败的原因是 signum 是无效的信号。

int gsignal (int signum)，这个函数和 raise () 具有相同的功能，只是出于兼容性的目的才得以保留。

这些函数可以用来方便地处理你已经截获的信号的缺省行为的产生。假定用户通过按 ctrl-z 键产生了停止信号（SIGTSTP），你希望清除一些缓冲区然后再进入缺省行为的处理，可以如下的代码：

```
#include <signal.h>
void
tstp_handler(int sig)
{
```

```
        signal(SIGTSTP,SIG_DFL);  //设置缺省行为
        // 进行清除处理工作
        raise(SIGTSTP);
    }

    void
    cont_handler(int sig)
    {
        signal(SIGCONT,cont_handler);
        signal(SIGTSTP,tstp_handler);
    }

    int
    main()
    {
        ...
        signal(SIGCONT,cont_handler);
        signal(SIGTSTP,tstp_handler);
        ...
    }
```

9.6.2　其他进程产生信号

使用kill（）函数给其他进程发送信号，该函数并不像其名称那样专门为结束别的进程而设计，而是可以用来发送一般目的的信号给其他进程：

● 父进程发送信号给子进程，让它退出结束任务的执行。子进程可以不管退出的调节检测，而是只遵从父进程信号的控制，这样逻辑上可能更简单一些。

● 一个进程可能是一组进程中的成员，需要通知其他进程一些消息，如出错等，使用信号机制比较方便。

● 两个互相协作的进程需要互相同步时，可以使用信号机制。

对于上面的情况,可以使用信号机制通过kill（）函数发送信号给别的进程。kill（）函数如下：

kill(pid_t pid, int signum)，发送信号signum给由pid描述的进程、进程组或特定类型的进程。其中pid值如下：

● pid>0，表示进程号是pid的进程。

● pid==0，表示和发送进程同在一个进程组的进程。

● pid<-1，表示以-pid开始的一组进程。

● pid==-1，如果发送进程是特权进程，表示发送信号给除了特殊的某些系统

进程外所有进程。

进程也可以通过 kill(getpid(),signum) 的信号给自己发送信号，这时相当于 raise() 调用。kill() 函数成功返回 0，失败返回-1。当它发送信号给一组（多个）进程时，只要成功发送给至少一个进程就返回 0 表示成功，只有一个也没有发送才返回-1。我们无法知道哪个进程接收到信号。函数返回值错误代码如下：

- EINVAL，信号代码无效或不支持。
- EPERM，无权发送该信号给进程。
- ESCRH，进程号 pid 无效。

函数 killpg() 起和函数 kill() 类似的作用，原型如下：

int killpg(int pgid, int signum)，该函数发送信号给 pid 为 pgid 的进程组，是为了和 BSD 系统兼容才保留的。

9.6.3 使用 kill 的权限

一个进程是否能够发送信号给其他进程是有严格的权限要求的，这样做的目的是防止诸如误杀其他用户进程之类事件发生。在典型情形下，kill() 用来在父子进程、兄弟进程之间传递信号，其他情况留待安全性一节再讲。

9.6.4 利用 kill 函数进行进程通讯

下面通过一个例子说明如何通过信号 SIGUSR1 和 SIGUSR2 来传递信息。

程序 11-16：用 kill 函数通信

```
#include <signal.h>
#include <stdio.h>
#include <sys/types.h>
#include <unistd.h>

volatile sig_atomic_t usr_interrypt=0;

void
synch_signal(int sig)
{
    usr_interrupt=1;
}

void
child_function(void)
{
```

```
        printf("I am here!!! My pid is %d\n",(int)getpid());
        kill(getppid(),SIGUSR1);
        puts("Bye, now ...");
        exit(0);
    }

    int
    main(void)
    {
        struct sigaction usr_action;
        sigset_t block_mask;
        pid_t child_id;

        sigfillset(&block_mask);
        usr_action.sa_handler = synch_signal;
        usr_action.sa_mask = block_mask;
        usr_action.sa_flags = 0;
        sigaction(SIGUSR1,&usr_action,NULL);

        child_id = fork();
        if(child_id==0)
            child_function();
        while(!usr_interrupt)
        ...

        puts("that's all\n");
        return 0;
    }
```

9.7 信号的阻塞

　　信号的阻塞就是让系统暂时保留信号留待以后发送。由于另外有办法让系统忽略信号，所以一般情况下信号的阻塞只是暂时的，只是为了防止信号打断敏感的操作。
- 当你需要修改某些全局变量时，你可以通过 sigprocmask（）函数阻塞处理函数中也使用该变量的信号。
- 在某些信号处理函数中，为了阻止同类信号的到来，可以使用 sigaction（）函数的 sa_mask 阻塞特定的信号。

9.7.1 阻塞信号的作用

使用函数 sigprocmask（）阻塞信号的传递，只是延迟信号的到达。信号会在解除阻塞后继续传递。这种情况往往需要在信号程序和其他程序共享全局变量时，如果全局变量的类型不是 sig_atomic_t 类型，当一部分程序恰好读、写到变量的一半发生信号，而信号程序里会改变该信号，那么就会产生混乱。为了避免这种混乱，提供程序的可靠性，你必须在操作这类变量前阻塞信号，操作完成后恢复信号的传递。

信号阻塞也用来处理必须保证连续操作的完整性方面。比如，你需要检测一个标志（可以是 sig_atomic_t 类型），该标志在信号程序中设置，当标志没有设置时可以执行某个操作。假如恰好在检测标志后发生信号，那么信号返回后，程序也会执行这个操作，即使已经设置了标志。这显然会引起程序的不稳定。最好的方法就是在检测标志到执行操作之间阻塞信号的发生。

9.7.2 信号集

所有的信号阻塞函数都使用称作信号集的数据结构来表明受到影响的信号。每一个操作都包括两个阶段：创建信号集，传递信号集给特定的库函数。下面说明信号集和相关的数据类型：

sigset_t:这个数据类型用来代表信号的集合，有两种方法对它进行初始化。一种是通过函数 sigemptyset（）使之不包含任何信号，然后用 sigaddset（）函数加入需要的信号。另一种方法是通过函数 sigfillset（）使之包含所有信号，然后通过 sigdelset（）函数删除我们不需要的信号。注意，千万不要试图通过手工方式直接操作这种类型变量，否则会带来严重的错误。下面介绍相关的函数。

int sigemptyset(sigset_t *set)：初始化信号集 set 使之不包含任何信号，这个函数总是返回 0。

int sigfillset(sigset_t *set)：初始化信号集 set 使之包含所有的信号，这个函数也是总返回 0。

int sigaddset(sigset_t *set, int signum)：该函数把信号 signum 加入到信号集 set 中，需要注意的是这个函数只是修改了 set 变量本身，并不做其他操作。该函数成功操作返回 0，失败返回-1,错误代码设置成 EINVAL,表示 signum 不是有效的信号代码。

int sigdelset(sigset_t *set, int signum)：该函数从信号集 set 中删除信号 signum，其他方面和 sigaddset（）函数类似，不再赘述。

int sigismember(const sigset_t *set,int signum)：这个函数测试信号 signum 是否包含在信号集合 set 中，如果包含返回 1，不包含返回 0，出错返回-1。错误代码也只有一个 EINVAL，表示 signum 不是有效的信号代码。

9.7.3 进程的信号掩码

我们称正在阻塞的信号的集合为信号掩码（signal mask）。每个进程都有自己的信号掩码，创建子进程时子进程将继承父进程的信号掩码。我们可以通过修改当前的信号掩码来改变信号的阻塞情况。

int sigprocmask(int how, const sigset_t *set,sigset_t *oldset)，该函数用来检查和改变调用进程的信号掩码，其中的 how 参数指出信号掩码改变的方式，必须是下面的值之一：

SIG_BLOCK，阻塞 set 中包含的信号。意思是说把 set 中的信号加到当前的信号掩码中去，新的信号掩码是 set 和旧信号掩码的并集。

SIG_UNBLOCK，解除 set 中信号的阻塞，从当前信号掩码中去除 set 中的信号。

SIG_SETMASK，设置信号掩码，即按照 set 中的信号重新设置信号掩码。

最后一个参数是进程原来的信号集。如果你只需要改变信号的阻塞情况而不需要关心原来的值，可以传递 NULL 指针给函数。如果你希望什么也不改变，只是想获得当前信号掩码的信息，那么把 set 设置成 NULL，old 中返回当前的设置。

sigprocmask() 函数成功返回 0，失败返回-1。失败时错误代码只可能是 EINVAL，表示参数 how 不合法。

不能阻塞 SIGKILL 和 SIGSTOP 等信号，但是当 set 参数包含这些信号时 sigprocmask()不返回错误，只是忽略它们。另外，阻塞 SIGFPE 这样的信号可能导致不可挽回的结果，因为这些信号是由程序错误产生的，忽略它们只能导致程序无法执行而被终止。

9.7.4 举例：禁止关键代码时信号到达

假定你建立信号 SIGALRM 的处理函数，在其中设置一个标志。主程序中检查标志并清除，使用函数 sigprocmask()控制信号到达：

程序 11-17：禁止信号到达

```
#include <signal.h>
volatile sig_atomic_t flag=0;

int
main(void)
{
    sigset_t block_alarm;
    ... ...
    sigemptyset(&block_alarm);
    sigaddset(&block_alarm,SIGALRM);
    while(1)
```

```
    {
        sigprocmask(SIG_BLOCK,&block_alarm,NULL);
        if(flag)
        {
            ... ...
            flag=0;
        }
        sigprocmask(SIG_UNBLOCK,&block_alarm,NULL);
        ... ...
    }
}
```

9.7.5 在信号句柄中阻塞信号

信号句柄执行时，如果你希望从头至尾不会被其他信号打扰，那么你必须阻塞其他信号。当一个信号句柄激活时，相同的信号自动被阻塞，但是其他信号并不会阻塞，最可靠的方法是使用 sigaction 结构的 sa_mask 成员。例如：

```
#include <signal.h>
#include <stddef.h>

void catch_stop();

void
install_handler(void)
{
    struct sigaction setup_action;
    sigset_t block_mask;
    sigemptyset(&block_mask);
    sigaddset(&block_mask,SIGINT);
    sigaddset(&block_mask,SIGQUIT);
    setup_action.sa_handler=catch_stop;
    setup_action.sa_mask=block_mask;
    setup_action.sa_flag=0;
    sigaction(SIGINT,&setup_action,NULL);
}
```

这个方法比在信号函数中使用 sigprocmask() 函数可靠，因为使用sigprocmask() 函数起码无法避免在信号函数开始的信号不被阻塞的间隙。使用这个机制你不能从当前信号掩码中删除信号，但是，在信号函数当中，你可以使用

153

sigprocmask()阻塞信号。在任何情况下，信号句柄返回时，系统重新装入进入信号句柄之前的信号掩码。当信号句柄一返回，信号句柄执行时被阻塞的信号就会立即到达，甚至在返回被中断的代码前就要进入新的信号处理句柄。

9.7.6 查找阻塞的信号

你能够使用函数 sigpending（）来查找系统中何种信号有正在被阻塞的信号。

int sigpending(sigset_t *set)，该函数把存在阻塞信号的信号类型放置到 set 中，可以使用 sigismenber()函数判断某种信号是否是 set 的成员。该函数成功返回 0，失败返回-1。

下面举例说明：

```
#include <signal.h>
#include <stddef.h>

sigset_t base_mask,wait_mask;

sigemptyset(&base_mask);
sigaddset(&base_mask,SIGINT);
sigaddset(&base_mask,SIGTSTP);
sigprocmask(SIG_SETMASK,&base_mask,NULL);
... ...
sigpending(&waiting_mask);
if(sigismember(&waiting_mask,SIGINT))
{
    //do something, if user try killing the process
}
else if(sigismember(&waiting_mask,SIGTSTP))
{
    //user tring to stop process
}
```

对于同一种信号，如果有被阻塞的信号存在，那么其他到来的信号就会被丢弃，而不是被阻塞。

9.7.7 信号阻塞的代替方法

我们可以采用在信号处理程序中读取其他程序进入关键代码前设置的标志来判断是否进行处理，如果不能进行处理，则在一个公共变量中设置不能进行处理的信号的值，关键代码执行完成后再重新发送该信号，请看下面的例子：

```
volatile sig_atomic_t signal_pending;
volatile sig_atomic_t defer_signal;

void
handler(int signum)
{
    if(defer_signal)
        signal_pending=signum;
    else
        ...
}

...
void
update_number(int frob)
{
    defer_signal++;
    ...
    defer_signal--;
    if(defer_signal==0&&signal_pending!=0)
        raise(signal_pending);
}
```

9.8 等待信号

如果程序是事件驱动的，或者必须通过信号同其他进程同步，那么也许需要等等信号发生的操作。这时不应该使用循环检测程序。

9.8.1 用 pause()函数

pause（）函数能用来等待信号的发生，原型如下：

int pause()，这个函数放弃进程的执行权，直到有信号发生引起信号句柄的执行，或者信号使进程结束。

如果信号句柄被执行，那么 pause()函数失败而返回-1，因为一直被挂起才算成功。即使使用前面讲到的恢复原始操作的方法也不起作用。

如果信号让进程结束，显然该函数不会再返回。

9.8.2 pause()函数产生的问题

如果你的程序主要工作都是有信号处理程序去做，主程序只是等待信号的发生，那么使用pause()函数是安全的。每一次信号发生，信号处理程序做一批工作，主程序继续调用pause()函数，如此不断执行。

如果你需要直到有信号发生才去执行一些操作，那么pause()函数的使用会带来一些问题，甚至于你专门为这个目的设置标志变量也不能解决问题，比如：

```
if(!usr_interrupt)
    pause();
```

单独使用pause()函数时如果信号在调用之前到达，而以后不再有信号，那么系统将永远被挂起。这里同时设置了一个变量usr_interrupt让信号的句柄中进行设置，这比单独使用 pause()函数安全一些，但仍然不能避免错误。如果信号在检测usr_interrupt变量和pause()之间到达，同样能够引起系统被无限制地挂起。

可以使用下面的方法，但这种方法显然也不是完美的：

```
while(!usr_interrupt)
    sleep(1);
```

这种方法显然会使得信号地发生和程序地继续执行之间不够及时。

9.8.3 用sigsuspend()函数

干净彻底的方法是使用sigsuspend()函数。循环使用该函数可以让你能够等待某个信号到达，而不影响其他信号到来时调用相应的句柄处理。

int sigsuspend(const sigset_t *set)，该函数首先用信号集合set替换当前的信号掩码，然后将进程挂起，直到有信号到来引起信号句柄的执行或者结束进程。当信号句柄返回时，sigsuspend()函数也返回。信号掩码只是在sigsuspend()函数等待时才保持set，函数返回后总是恢复成原来的值。函数的返回值和错误代码和pause()函数相同。

通过使用 sigsuspend()函数，可以替换前面举过的例子中使用的 pause()和sleep()函数，得到可靠和高效的代码。

```
sigset_t mask,oldmask;
...
sigemptyset(&mask);
sigaddset(&mask,SIGUSR1);
...
sigprocmask(SIG_BLOCK,&mask,&oldmask);
while(!usr_interrupt)
    sigsuspend(&oldmask);
sigprocmask(SIG_UNBLOCK,&mask,NULL);
```

理解上面的代码最后几行是关键。由于事先阻塞了 SIGUSR1 信号，对标志变量的检测变成了可靠的。而 sigsuspend() 函数首先设置信号掩码回到原来的状态，然后等待信号，而退出时自动设置成对信号 SIGUSR1 阻塞的状态，这就保证了只有在 sigsuspend() 函数等待时才会有 SIGUSR1 信号到来。

思考和练习

1. 信号有哪几种产生方式？
2. signal（）函数和 sigaction（）函数有何异同？
3. 从 c 语言函数调用和函数参数传递、结果返回机制阐述函数指针的意义。
4. 说明不可重入函数的意义和不可重入的原因。
5. 信号可以作为进程间信息传递的简易方法吗？

第十章　进程间通讯

在 Linux 系统中进程之间通讯和同步是至关重要的。在简单的情况下，我们可以使用前面讲过的信号机制进行进程间的信号传递，完成一定的通讯功能。但是，在复杂的情况下，进程之间的信息传递通常要求比较多的内容和比较复杂的处理，这就必须使用专门的机制进行。

在 UNIX 系统中，管道是一种容易使用的进程通讯机制，它使用一对文件描述符进行数据传递，但是，发生数据传递的进程必须具有共同的祖先进程。

FIFO 是使用文件系统的超级块进行通讯的一种手段，它使用存在于文件系统的，特殊的文件记录特定的数据结构，用来进行通讯，所以，它的使用不限于同一个祖先的进程之间，其操作过程也更像一个文件。

IPC 机制最早出现在 UNIX SYSTEM V 上，它包括消息队列、信号量和共享内存。Linux 早就对 IPC 机制进行了支持。

本章介绍这些进程间通讯的方法。

10.1 管道和命名管道

10.1.1　管道

我们使用 Linux 命令时，经常把一个命令的结果送给另一个命令作为输入。比如，ls|more，其中 ls 的结果给 more 命令作为输入，这就是管道。在这两个命令中，并不知道管道的存在。管道又叫匿名管道，必须在两个具有相同祖先进程的进程之间使用。

10.1.1.1 匿名管道的创建

创建一个匿名管道的函数是 pipe( )，它同时分配两个文件描述符，一个用于读，一个用于写，它们是管道的两端。从一端写入的内容，可以从另一端读出。显然，对于同一个进程来说，这没有任何用处。但是，我们知道创建新进程时，子进程继承父进程的所有文件描述符，所有，当我们创建子进程时，子进程也拥有 pipe( )创建的两个文件描述符。这样，如果父进程写入管道的一端，子进程可以从管道的另一端读出。反之亦然。这样就实现了父子进程、兄弟进程间的通讯。作为一个习惯，我们总是首先关闭不使用的一个文件描述符。

下面看看 pipe( )函数的原型：
```
#include <unistd.h>
```

```
int pipe(int filedes[2]);
```

正如刚才所说，它创建两个文件描述符，并且把读、写文件描述符分别放到 filedes[0] 和 filedes[1] 中去。这个函数成功返回 0，失败返回-1，并且设置 errno，其取值如下：

EMFILE，进程打开的文件描述符太多了。

ENFILE，表示系统里打开的文件总数超过了限制。

10.1.1.2 匿名管道举例

下面写一个小程序表明 pipe( ) 函数的用法。

程序 12-18：pipe 函数用法

```c
#include <sys/types.h>
#include <unistd.h>
#include <stdio.h>
#include <stdlib.h>

void
read_from_pipe(int file)
{
    char c;
    while(read(file,&c,1)==1)
        putchar(c);
    close(file);
}

void
write_to_pipe(int file)
{
    FILE *fp;
    if((fp=fdopen(file,"r"))==NULL)
    {
        perror("write_to_pipe");
        return;
    }
    fprintf(fp,"Hello, the world!\n");
    fclose(fp);
}
```

```
int
main()
{
    pid_t pid;
    int fd[2];
    /* 创建管道  */
    if(pipe(fd))
    {
        printf("Pipe error\n");
        return EXIT_FAILURE;
    }
    pid=fork();
    if(pid==0)
    {
        close(fd[1]);
        read_from_pipe(fd[0]);
        return EXIT_SUCCESS;
    }
    else if(pid<0)
    {
        printf("fork error\n");
        return EXIT_FAILURE;
    }
    else
    {
        close(fd[0]);
        write_to_pipe(fd[1]);
        return EXIT_SUCCESS;
    }
}
```

上面的程序在父进程中写入管道一个字符串，子进程中读出并显示在终端上。

10.1.1.3 父进程和子进程间的匿名管道

使用匿名管道的通常方法是和子进程进行通讯。我们可以使用 pipe() 产生管道，调用 fork() 函数，像上面一样。然后在子程序中使用 dup() 或 dup2() 函数使管道成为标准输出或标准输入。然后再调用 exec() 类函数调入一个希望执行的程序代替这个子进程。那么，我们就可以运行这个程序作为子程序，并且由我们的程序供给输入并获得输出。

完成相同的功能，我们还可以使用简单的方法，即使用 popen() 函数：

FILE *popen(const char *command, const char *mode);

该函数通过 shell 运行命令 command,和函数 system() 相似,不同是 system()
等待命令运行结束再返回,popen() 马上返回并建立和命令输入或输出连接的管道。
如果参数 mode 是"r",那么我们的程序可以从管道中读取命令执行的标准输出。如
果参数 mode 是"w",那么我们的程序可以向管道中写入命令执行的需要的输入。

函数失败返回 NULL 指针，错误的原因可能是命令不能执行、文件指针不能创建
等。

关闭由 popen() 建立的文件指针，可以使用 pclose() 函数。

int pclose(FILE *fp);

它等待命令执行结束，关闭文件指针 fp，返回命令的返回码。

10.1.1.4 和子进程间的匿名管道举例

下面的程序接收输入作为命令执行，并读入命令的输出，再从标准输出中输出。

```c
#include <stdio.h>
#include <stdlib.h>

main()
{
    char buf[500];
    FILE *fp;
    while(1)
    {
        gets(buf);
        if((fp=popen(buf,"r"))==NULL)
        {
            printf("popen error\n");
            break;
        }
        while(fgets(fp,buf)!=NULL)
            puts(buf);
        fclose(fp);
    }
}
```

10.1.2 命名管道

尽管匿名管道可以提供进程间通信的功能，但是只能用在相同祖先的进程之间。而命名管道则不然，它利用建立于文件系统的特殊文件，永久地保存相关的信息，不同的进程可以打开命名管道文件进行读写，从而实现通讯。

命名管道又叫 FIFO，即 First In First Out 的意思，建立 FIFO 特殊文件，可以使用 Linux 命令 mkfifo。

        mkfifo [option] name

其中 name 是建立的命名管道的名称，option 是命令的选项，最重要的选项是模式选项-m mode，其中 mode 是 FIFO 特殊文件的模式。

10.1.2.1 创建 FIFO

创建 FIFO 用 mkfifo() 函数。一旦 FIFO 创建后，任何程序都可以像使用普通文件一样使用它。

```
#include <sys/stat.h>
int mkfifo(const char *filename, mode_t mode);
```

filename 是创建的 FIFO 的文件名，mode 用来建立文件的权限，可以参看文件操作的章节。该函数成功返回 0，失败返回-1，并设置 errno。

10.1.2.2 管道操作的其他性质

如果没有进程打开管道写的一端，对管道的读操作一般会阻塞。如果对一个没有读取进程的管道进行写操作，会引起 SIG_PIPE 信号。

另外，管道操作具有原子性。也就是说，对管道的读写数据，只要一次操作的长度不大于管道缓冲区的长度，那么系统保证这些数据不会被其他进程写入的数据分开。

但是，如果数据超过管道缓冲区的长度，原子性不会得到保证。缓冲区的长度为PIPE_BUF。

10.2 系统 V IPC 机制

Linux 系统支持三种类型的进程间通信机制，它们是消息队列、信号量和共享内存。这三种通信机制首先出现在 Unix System V (1983) 中。

10.2.1 一般概念

三种通讯方法使用相同的授权方法。进程只有通过使用系统调用传递给系统内核一个唯一的参考标识符来存取这些资源。进程可以使用系统调用来设置 System V IPC 目标的存取权限。每个通信机制都使用目标的参考标识符作为资源列表的索引。这些标识符并不是真正的索引，而必须通过一定的转化才能生成实际的索引。

系统中所有代表 System V IPC 的目标数据结构中都包括一个 ipc_perm 结构，此结构中包含进程的用户和工作组标识符的拥有者和创建者，以及此目标的存取方式和 IPC 目标关键字。其中的关键字作为一种定位 System V IPC 目标的参考标识符的方法。系统支持两类关键字：公共的和私人的。如果是公共关键字，那么系统中的任何进程，只要遵循权限检查，都可以利用它找到 System V IPC 目标的参考标识符。

10.2.1.1 标识符和关键字

标识符是系统内部索引 System V IPC 目标的索引，它是一个非负整数，系统总数用已经使用过的最大标识符加 1 作为新分配的标识符。直到这个值达到整数的最大值，然后再反过来从 0 开始。

在创建 System V IPC 对象时，实际使用关键字（key）标识它，系统内部再把关键字转换成标识符。这里要解决两个问题：一组相关的使用共同 System V IPC 目标的进程如何得到一个和其他对象无关的、唯一的关键字，用以创建唯一的 System V IPC 目标。另一个问题是这组相关的进程如何知道自己需要共享的关键字是什么。这两个问题是一起解决的，我们看几种方法：

1) 在公共头文件中定义一个固定的关键字，让服务器程序和客户机程序共同使用。但是，这个关键字可以是系统中其他进程正在使用的，可能和其他进程造成冲突，因此不是一个好方法。

2) 服务器程序创建 System V IPC 目标时使用参数 IPC_PRIVATE，它保证创建一个系统中唯一的新关键字。然后，服务器程序再把关键字写入到一个特定的文件中，所有的客户机程序都从这个文件中取得自己需要的关键字。也可以在父进程中得到关键字，子进程使用，这样可以避免文件操作。

3) 使用 ftok() 函数。它允许从一个目录出发，加上一个群组标识，共同创建一个关键字。如果所有进程都遵守相同的规则，首先一般不会使用相同的目录，再者不会使用相同的群组标识。这样一般可以保证创建的关键字唯一，且方便相关进程共享，只需所有共享进程都用相同规则产生。

一般情况下，System V IPC 目标是服务器程序产生，这时需要只有和关键字相关联的 System V IPC 目标不存在的情况下创建它。客户机程序只是使用 System V IPC 目标，因此，必须在 System V IPC 目标存在的情况下打开，而不能创建。

10.2.1.2 权限

每个 System V IPC 目标都存在一个数据结构描述它的权限，就像文件系统一样，只不过文件系统的权限在磁盘上存储。这个结构如下：

```
struct ipc_perm
{
    uid_t uid;
    gid_t gid;
    uid_t cuid;
    gid_t cgid;
    mode_t mode;
    ulong seq;
    key_t key;
}
```

上面的结构中，uid 和 gid 是拥有者的数字用户名和组名，cuid 和 cgid 是创建者的数字用户名和组名。mode 是权限描述。key 是关键字。一般只有拥有者可以更改权限。

10.2.1.3 特点

System V IPC 目标是全局的。只要一个 System V IPC 目标创建，只要没有明确地删除，或者系统重新引导，它将一直存在于系统中，不会消失，已经发送的数据也不会被破坏。这和命名管道不同，如果使用命名管道的所有进程都关闭，它的数据结构也就从内存中消失，不会因为还有没有取走的数据而保留，即使 PIPE 作为文件系统的一个 inode 一直存在于文件系统中。

System V IPC 目标独立于文件系统而存在，不为文件系统所知。所以，不能用文件描述符进行相关的操作，因此也不能使用文件系统的多工操作（使用 select()、poll() 等函数）等便利。这给使用 System V IPC 目标增加许多困难，比如多工操作等成为不可能。

System V IPC 目标的优点是：：（a）它们是可靠的，（b）流是受到控制的，（c）面向记录，（d）可以用非先进先出方式处理。

10.2.2 消息队列

消息队列是一个内存中的队列，应用程序可以发送消息到队列中或从队列中接收消息。

10.2.2.1 消息队列的创建和控制

创建消息队列使用 msgget() 函数:
```
#include <sys/types.h>
#include <sys/ipc.h>
#include <sys/msg.h>
int msgget(key_t key, int flag) ;
```
该函数成功调用返回消息队列标识符。其中的 key 是关键字, 可以由 ftok() 函数得到:

```
        key=ftok(".",'a');
```
其中"."可以是任何目录,'a'是任意字符, 即所有群组标识。

flag 是标识, IPC_CREAT 位表示创建, 一般由服务器程序创建消息队列时使用。如果是客户程序, 必须打开现存的消息队列, 必须不使用 IPC_CREAT。

控制一个消息队列, 使用 msgctl() 函数, 相当于文件系统中的 ioctl() 函数。
```
#include <sys/types.h>
#include <sys/ipc.h>
#include <sys/msg.h>
int msgctl(int msqid, int cmd, struct msqid_ds * buf);
```
其中 msqid 是描述符, cmd 是命令字, buf 是命令的参数。

返回: 若成功则为 0, 出错则为-1。下面给出可能的命令:

- IPC_STAT 取此队列的 msqid_ds 结构, 并将其存放在 buf 指向的结构中。
- IPC_SET 按由 buf 指向的结构中的值, 设置与此队列相关的结构中的下列四个字段: msg_perm.uid、msg_perm.gid、msg_perm; mode 和 msg_qbytes。此命令只能由下列两种进程执行: 一种是其有效用户 ID 等于 msg_perm.cuid 或 msg_perm.uid;另一种是具有超级用户特权的进程。只有超级用户才能增加 msg_qbytes 的值。
- IPC_RMID 从系统中删除该消息队列以及仍在该队列上的所有数据。这种删除立即生效。仍在使用这一消息队列的其他进程在它们下一次试图对此队列进行操作时, 将出错返回 EIDRM。此命令只能由下列两种进程执行: 一种是其有效用户 ID 等于 msg_perm.cuid 或 msg_perm.uid;另一种是具有超级用户特权的进程。

10.2.2.2 消息发送和接收

发送和接收的消息都必须使用一个类似 msgbuf 的结构表示, msgbuf 结构定义如下:
```
struct msgbuf
{
```

```
        long mtype;
        char mtext[1];
    }
```

上面的定义，消息内容只有一个字节，是不实用的，一般我们需要重新定义一个结构：

```
struct amsgbuf
{
    long mtype;
    char mtext[200];
}
```

其中的 mtype 都是消息类型。

发送消息实用 msgsnd() 函数：

```
#include <sys/types.h>
#include <sys/ipc.h>
#include <sys/msg.h>

int msgsnd(int msqid,const void * ptr, size_t nbytes, int flag);
```

msqid 是消息队列标识符，ptr 是消息结构的指针，nbytes 是消息结构中消息的长度，flag 是标识，如果是 0，可以有效地关闭错误检查。如：

```
struct amsgbuf mymsg;
mymsg.mtype=125;
sprintf(mymsg.mtext,"this is test");

msgsnd(msqid, &mymsg,sizeof("this is test")+1,0);
```

接收消息用函数 msgrcv()：

```
#include <sys/types.h>
#include <sys/ipc.h>
#include <sys/msg.h>

int msgrcv(int msqid,void *ptr, size_t nbytes,long type,int flag);
```

参数 type 给出希望接收消息的类型，如果指定非 0 的值，则必须返回指定的类型消息。如果取任意类型的消息，那么让 type 为 0 就可以了。其他参数和 msgsnd() 相同。如：

```
struct amsgbuf mymsg;
msgrcv(msqid, &mymsg,80,125 ,IPC_NOWAIT);
```

指定 IPC_NOWAIT 是希望没有消息可供获取时立即返回。

10.2.3 信号量

10.2.3.1 基本概念

最简单的信号量是内存中的一个区域，它的值可以被多个进程执行 test_and_set 操作(一种具有原子性的系统调用，用于测试某一地址的值然后再更改它)。test_and_set 操作对每个进程来说是不可中断的，即具有原子性的操作。一旦一个进程执行该操作，其他的任何进程都不能打断它。Test_and_set 操作的结果是对当前信号量的值进行增量操作，但增量可以是正的，也可以是负的。根据 test_and_set 操作的结果，进程可能会进入睡眠状态，等待其他进程改变信号量的值。信号量能用于实现临界段操作(临界段指一段关键的代码段，同一时间内只有一个进程能执行该段操作)。

System V 的信号量要远远复杂。每个 IPC 信号量对象都对应一个信号量数组，在 Linux 中用 semid_ds 数据结构来表示它。系统中所有的 semid_ds 数据结构都被一个叫 semary 的指针向量指向。

```
struct semid_ds
{
    struct ipc_perm sem_perm;
    struct sem *sem_base;
    ushort sem_nsems;
    time_t sem_otime;
    time_t sem_ctime;
};
```

上面成员的意义是明显的，除了 struct sem *sem_base，它给出一个信号量数组，下面给出 struct sem 结构：

```
struct sem {
    ushort semval;
    pid_t sempid;
    ushort semncnt;
    ushort semzcnt;
};
```

上面的数据成员分别描述一个信号量相关的不同属性。semval 是信号量的值，不能为负数。simpid 是最好使用该信号量的进程号。semncnt 是系统中等待信号量值大于当前值的进程的个数。semzcnt 是等待信号量值等于 0 的进程个数。

所有允许对 System V IPC 信号量对象的信号量数组进行操作的进程，都必须通过系统调用来执行这些操作。在系统调用中可以指出有多少个操作。而每个操作包含三个输入项：信号量的索引、操作值和一组标志位。信号量索引是对信号量数组的索引值,而操作值是加到当前信号量值上的数值。首先 Linux 会测试是否所有操作都会成功(操作成功指操作值加上信号量当前值的结果大于 0,或者操作值和信号量的当前值都是 0)。如果信号量操作中有任何一个操作失败,Linux 在操作标志没有指明系统调用为非阻塞状态时,会挂起当前进程。如果进程被挂起了,系统会保存要执行的信号量操作的状态,并把当前进程放入等待队列中。Linux 通过在栈中建立一个 sem_queue 数据结构,并填入相应的信息的方法来实现前面的保存信号量操作状态的。新的 sem_queue 数据结构被放在对应信号量对象的等待队列的末尾,当前进程被放在 sem_queue 数据结构的等待队列中,然后系统唤醒进程调度器选择其他进程执行,原来进程挂起。

如果所有的信号量操作都成功了,那么当前进程就不必挂起了。Linux 会继续运行当前进程,对信号量数组中的对应成员执行相应的操作。接着 Linux 会查看那些处于等待状态被挂起的进程,以确定它们是否能继续持行信号量操作。Linux 会逐个查看等待队列中的每个成员,测试它们现在能否成功地执行信号量操作。如果有进程可以成功地执行了,Linux 会删除未完成操作列表中对应的 sem_queue 数据结构,对信号量数组执行信号量操作,然后唤醒睡眠进程,将其放入就绪队列中。Linux 不断地查找等待队列,直到没有可成功执行的信号量操作并且也没有可唤醒的进程为止。

10.2.3.2 相关函数

调用函数 semget()得到一个信号量集的 id:

```
#include <sys/types.h>
#include <sys/ipc.h>
#include <sys/sem.h>
int semget(key_t key, int nsems, int flag);
```

key 是关键字,得到的方法和前面讲的相同。nsems 是信号量集中信号量的个数。标识 flag 和前面 msgget()中大致相同,不再赘述。成功返回信号量集 id。

函数 semctl()包含更多的功能:

```
#include <sys/types.h>
#include <sys/ipc.h>
#include <sys/sem.h>
int semctl(int semid, int semnum, int cmd, union semun arg);
```

最后一个参数是个联合,而非指向一个联合的指针:

```
union semun {
    int val;
    struct semid_ds * buf;
    ushort *array;
};
```

cmd 参数指定十种命令中的一种,使其在 semid 指定的信号量集合上执行此命令。

其中有五条命令是针对一个特定的信号量值的，它们用 semnum 指定该集合中的一个成员。semnum 值在 0 和 nsems－1 之间（包括 0 和 nsems－1）。

下面给出这些命令：

- IPC_STAT：对此集合取 semid_ds 结构，并存放在由 arg.buf 指向的结构中。

- IPC_SET：按由 arg.buf 指向的结构中的值设置与此集合相关结构中的下列三个字段值：sem_perm.uid, sem_perm.gid 和 sem_perm.mode。此命令只能由下列两种进程执行：一种是其有效用户 ID 等于 sem_perm.cuid 或 sem_perm.uid 的进程，另一种是具有超级用户特权的进程。

- IPC_RMID：从系统中删除该信号量集合。这种删除是立即的。仍在使用此信号量的其他进程在它们下次意图对此信号量进行操作时，将出错返回 EIDRM。此命令只能由下列两种进程执行：一种是具有效用户 ID 等于 sem_perm.cuid 或 sem_perm.uid 的进程；另一种是具有超级用户特权的进程。

- GETVAL：返回成员 semnum 的 semval 值。

- SETVAL：设置成员 semnum 的 semval 值。该值由 arg.val 指定。

- GETPID：返回成员 semnum 的 sempid 值。

- GETNCNT：返回成员 semnum 的 semncnt 值。

- GETZCNT：返回成员 semnum 的 semzcnt 值。

- GETALL：取该集合中所有信号量的值，并将它们存放在由 arg.array 指向的数组中。

- SETALL：按 arg.array 指向的数组中的值设置该集合中所有信号量的值。

在信号量集上操作，使用函数 semop()：

```
#include <sys/types.h>
#include<sys/ipc.h>
#include<sys/sem.h>
int semop(int semid, struct sembuf semoparray[], size_t nops);
```

semid 是信号量集 id，semoparray 是一个指针，它指向一个信号量操作数组，而 nops 给出了数组的元素个数：

```
struct sembuf
{
    ushort  sem_num;
    short sem_op;
    short sem_flg;
};
```

每个 sembuf 结构表示对一个信号量的操作，sem_num 是操作的信号量在信号量集中的索引，sem_op 是要执行的操作数，sem_flg 是一个标识，主要有 IPC_NOWAIT 等。对于操作，我们按照 sem_op 是正、负和 0 分别说明：

如果 sem_op 是正整数，说明进程准备放弃已经占有的资源，信号量值加上 sem_op，并马上返回，完成操作。

如果 sem_op 是负数，说明进程准备占有相同个数的资源，即希望信号量值减去 sem_op 绝对值。如果够减，说明现在的空闲资源足够分配，发生减操作，函数返回，这时信号量仍然是非负的。如果不够减，在没有指定 IPC_NOWAIT 时，这个减法将停止操作，进程被挂起，直到信号量的值发生变化（增加，即其他进程释放资源）使得够减时才执行减操作，唤醒进程。如果指定了 IPC_NOWAIT，函数立即返回，并给出错误代码 EAGAIN。

如果 sem_op 是 0，表示操作希望等待信号量为 0。如果这时信号量为 0，则函数马上返回。若信号量不为 0，函数或者被阻塞（没有指定 IPC_NOWAIT），进程挂起，直到为 0 时才重新唤起，或者返回错误 EAGAIN（指定了 IPC_NOWAIT）。

10.2.3.3 特点和问题

信号量存在着死锁的问题，当一个进程进入了关键段，改变了信号量的值后，由于进程崩溃或被中止等原因而无法离开临界段时，就会造成死锁。Linux 通过为信号量数组维护一个调整项列表来防止死锁。

主要的想法是在使用调整项后，信号量会被恢复到一个进程的信号量操作集合执行前的状态。调整项被保存在 sem_undo 数据结构中，每一个单独的信号量操作都要求建立相应的调整项。Linux 为每个进程的每个信号量数组至多维护一个 sem_undo 数据结构。如果还没有为请求的进程建立调整项，那么当需要时，系统会为它创建一个新的 sem_undo 数据结构。sem_undo 数据结构被加入到该进程的 task_struct 数据结构和信号量数组的 semid_ds 数据结构的队列中。一旦对信号量数组中某些信号量执行了相应的操作，那么该操作数的负值会被加入到该进程 sem_undo 结构调整项数组的与该信号量对应的记录项中。因此，如果操作值是 2 的话，那么-2 就被加到该信号量的调整项中。当进程被删除，退出时 Linux 会用这些 sem_undo 数据结构集合对信号量数组进行调整。

如果信号量集合被删除了，那么这些 sem_undo 数据结构还存在于进程的 task_struct 结构的队列中，而仅把信号量数组标识标记为无效。在这种情况下，信号量清理程序仅仅丢掉这些数据结构而不释放它们所占用的空间。

10.2.3.4 应用举例

信号量机制能够有效地控制多个进程对资源的访问，实现进程的同步。比如，我们假设有一个文件，需要在多个进程中共享。但是只能同时有一个进程访问，可以用信号量控制如下：

创建一个包含一个信号量的信号量集，并把它初始化为 1。如果需要访问该文件，调用函数 semop() 对信号量作减 1 操作。如果这时信号量的值是 1，操作立即返回，并让信号量为 0，占有了文件资源。如果这时信号量为 0，表明文件资源被其他进程所使用，则进程被挂起，直到其他进程释放了对该文件资源的占有才会激活。这样就实现了对共享文件资源的管理。

下面我们给出 init_sem()、up_sem() 和 down_sem() 完成初始化、加 1 和减 1 三个操作。

程序 12-19：信号量应用

```
int
init_sem(int id,int val)
{
    union semun
    {
        int val;
        struct semid_ds * buf;
        ushort *array;
    } mycmd;
    mycmd.val=val;
    return semctl(id,0,SETVAL,mucmd);
}

int
up_sem(int id)
{
    struct sembuf
    {
        ushort  sem_num;
        short sem_op;
        short sem_flg;
    } myop;
    myop.sem_num=0;
    myop.sem_op=1;
    myop.sem_flag=0;
    return semop(id,&myop,1);
}

int
down_sem(int id)
{
    struct sembuf
    {
```

```
        ushort  sem_num;
        short sem_op;
        short sem_flg;
    } myop;
    myop.sem_num=0;
    myop.sem_op=-1;
    myop.sem_flag=0;
    return semop(id,&myop,1);
}
```

实际上，信号量机制完全可以用在更复杂的情况下。比如，所谓的生产－消费模型。举例来说，假定在一个打印服务器上，一些打印进程不断从文件缓冲池中取走待打印的文件，这是消费者，而若干进程不断把文件放到待打印的文件缓冲池中，是生产者。

在生产者－消费者模型中，通常不希望总的文件数量不超过某一个数，比如 50，这可以通过一个初始化为 50 的信号量来实现。

```
init_sem(id,50);
```

对于生产者，按如下顺序执行：

```
    down_sem(id);
    放置文件到缓冲池；
```

对于消费者，按如下顺序执行：

```
    取走缓冲池中的打印文件；
    up_sem(id);
```

对于生产者，由于每次增加文件必须在信号量减 1 之后，当文件数为 50 的时候，信号量已经为 0，再欲增加文件时，信号量减 1 操作会被阻塞，直到有进程取走文件，把信号量减 1 后才会被激活，继续执行。对于消费者，它的执行会使信号量加 1，但是这必须在取走文件之后，否则，会一直在取文件的循环中。所以，信号量的作用使文件数量维持在 0 到 50 之间。

有时一个过程需要不止一次的同步，则需要多个信号量进行协调。比如，有一块共享的内存区域，不同的两个进程一个写入，一个读出。写入的进程必须在读出后才能接着写入新内容，而读出的进程必须写入新内容后才能读出。我们可以用两个信号量 1、2 来实现。一个初始化为 1，一个初始化为 0。当写入进程欲写入存储区之前，必须先让信号量 1 减 1，写入完成后让信号量 2 加 1。而读取内存区进程在读入前必须先让信号量 2 减 1，读入完成后再让信号量 1 加 1。

我们分析整个过程，只有当共享内存区写入新内容后，信号量 2 才可能为 1，读取进程才可能执行信号量 2 减 1 的操作，否则会被阻塞。同样，只有读取进程读操作完成后，才可能让信号量 1 家 1，使之由 0 编程 1，写进程才可能完成对信号量 1 减 1 的操作，写入过程得以完成，否则会阻塞。整个过程如图：

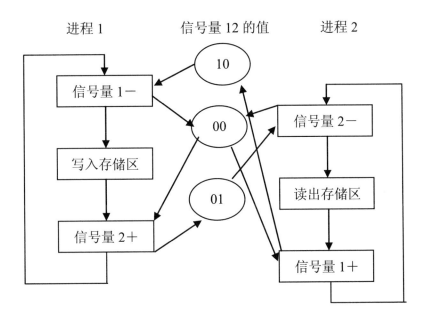

图 12-37 用信号量同步两个进程的示意图

10.2.4 共享内存

共享内存是一种简单和高效的进程间通讯的方法。它只是取得一个内存块，不同的使用进程保存一个指向内存块的指针。进程对它的读写就像使用普通内存指针一样方便和高效。不同的进程对共享内存读写的同步必须用其他方法实现，共享内存本身不能实现共享控制，也不能保证操作过程的原子性。

10.2.4.1 基本数据结构

内核为每个共享存储段设置了一个 shmid_ds 结构。

```
struct shmid
{
    struct ipc_perm ahm_perm;
    struct anon_map *ahm_amp;
    int shm_setsz;
    ushort shm_lkcnt;
    pid_t shm_lpid;
    pid_t shm_cpid;
    ulong shm_nattch;
    ulong shm_cnattch;
```

```
    time_t shm_atime;
    time_t shm_dtime;
    time_t shm_ctime;
};
```

其中，有些成员和前面其他 System V IPC 机制是相同的，shm_segsz 是内存的长度，shm_lkcnt 表示被锁定的次数，shm_nattch 是正在引用的进程的计数。

10.2.4.2 基本函数

获得可供使用的共享内存标识符，使用 shmget() 函数。
```
#include <sys/types.h>
#include <sys/ipc.h>
#include <sys/shm.h>
int shmget(key_t key, int size, int flag);
```
获得关键字 key 的方法同前面的介绍，size 是共享内存的尺寸。如果正在创建一个新段，则必须指定其 size。如果正在访问一个现存的段，则将 size 指定为 0。flag 取决于你的操作目的，和前面的 System V IPC 机制是相同的。这个函数成功返回 0，失败返回-1。

控制一个共享内存段的属性，使用 shmctl() 函数：
```
#include <sys/types.h>
#include <sys/ipc.h>
#include <sys/shm.h>
int shmctl(int shmid, int cmd, struct shmid_ds *buf);
```
cmd 参数指定下列 5 种命令中一种，使其在 shmid 指定的段上执行。这个函数成功返回 0，失败返回-1。

- IPC_STAT 对此段取 shmid_ds 结构，并存放在由 buf 指向的结构中。
- IPC_SET 按 buf 指向的结构中的值设置与此段相关结构中的下列三个字段：shm_perm.uid、shm_perm.gid 以及 shm_perm.mode。使用此命令的用户必须是共享内存的拥有者、创建者或超级用户。
- IPC_RMID 从系统中删除该共享存储段。不管此段是否仍在使用，该段标识符立即从调用进程被删除，所以不能再用 shmat 与该段连接。此命令的执行和 IPC_SET 需要相同的用户权限。
- SHM_LOCK 锁住共享存储段。此命令只能由超级用户执行。
- SHM_UNLOCK 解锁共享存储段。此命令只能由超级用户执行。

因为每个共享存储段有一个连接计数（shm_nattch 在 shmid_ds 结构中），所以除非使用该段的最后一个进程终止或与该段脱离，否则不会实际上删除该存储段。锁住或解锁一个共享内存的目的是阻止或允许共享内存段被系统交换到 swap 中去。

一旦创建了一个共享存储段，进程就可调用 shmat 将其连接到它的地址空间中。

```
#include <sys/types.h>
#include <sys/ipc.h>
#include <sys/shm.h>
void *shmat(int shmid, void *addr, int flag);
```

这函数的作用是创建一个指针指向共享内存段。shmid 是共享内存段的标识符，addr 是指针变量，一般情况下为 NULL，这是系统用进程中的首个适用地址来映射共享内存，并把地址赋值给 addr。除非特殊情况，一般不会给 addr 赋初值。

这个函数成功返回 0，失败返回-1。

当使用完共享内存后，用 shmdt() 删除它：

```
#include <sys/types.h>
#include <sys/ipc.h>
#include <sys/shm.h>
int shmdt(void * addr);
```

这个函数成功返回 0，失败返回-1。

对于成功映射的指向共享内存的指针，当进程结束后，即使没有调用 shmdt() 函数，系统也会自动取消这种映射，不会给内存系统带来什么影响。

10.2.4.3 应用举例

我们简单的举例说明共享内存的用法，一个程序 testwrite.c 创建一个共享内存段，并写入数据，程序如下：

程序 12-20：写共享内存示例

```
/***** testwrite.c *******/
#include <sys/ipc.h>
#include <sys/shm.h>
#include <sys/types.h>
#include <unistd.h>
typedef struct{
    char name[4];
    int age;
} people;
main(int argc, char** argv)
{
    int shm_id,i;
    key_t key;
    char temp;
    people *p_map;
    char* name = ".";
```

```
key = ftok(name,0);
if(key==-1)
    perror("ftok error");
shm_id=shmget(key,4096,IPC_CREAT);
if(shm_id==-1)
{
    perror("shmget error");
    return;
}
p_map=(people*)shmat(shm_id,NULL,0);
temp='a';
for(i = 0;i<10;i++)
{
    temp+=1;
    memcpy((*(p_map+i)).name,&temp,1);
    (*(p_map+i)).age=20+i;
}
if(shmdt(p_map)==-1)
    perror(" detach error ");
}
```

下面的程序打开已经存在的共享内存，然后从共享内存段中读取数据，显示出来：

程序 12-21：读共享内存示例

```
/********** testread.c ***********/
#include <sys/ipc.h>
#include <sys/shm.h>
#include <sys/types.h>
#include <unistd.h>
typedef struct{
    char name[4];
    int age;
} people;
main(int argc, char** argv)
{
    int shm_id,i;
    key_t key;
    people *p_map;
    char* name = ".";
    key = ftok(name,0);
```

```
    if(key == -1)
        perror("ftok error");
    shm_id = shmget(key,4096,IPC_CREAT);
    if(shm_id == -1)
    {
        perror("shmget error");
        return;
    }
    p_map = (people*)shmat(shm_id,NULL,0);
    for(i = 0;i<10;i++)
    {
        printf( "name:%s\n",(*(p_map+i)).name );
        printf( "age %d\n",(*(p_map+i)).age );
    }
    if(shmdt(p_map) == -1)
        perror(" detach error ");
}
```

先执行写入程序，然后执行读出程序，结果如下：

name: b
age 20;
name: c
age 21;

思考和练习

1. 试阐明通过匿名管道把一个程序的输出作为另一个程序的输入的方法。编写一个程序进行实现。
2. 编写通过命名管道通信的服务器进程需要注意哪些问题？编写客户机进程需要注意哪些问题？
3. 比较命名管道和匿名管道的异同。
4. 如果需要写一个录像程序，分成视频数据获取进程和数据压缩、存盘进程，则最好采用什么样的通信机制？
5. 在一个程序中，有许多进程需要随机的从网络下载一定的内容。通过什么机制限制网络的总连接数不超过某一个确定的 n?

第十一章　Socket 通讯

上个世纪末，技术对人类生活和社会发展影响最大的就是互联网的发展。时至今日，如果没有互联网络人们可怎么生活呢？它已经深入到我们生活的方方面面。许多人上午的第一件事就是打开网络看看有什么新闻，和朋友联系通过电邮（E-mail），在互联网上结识新朋友，通过互联网购物、租房，工作文件通过互联网传递，甚至于通过互联网订货、签署合同等商业活动。总之，互联网就像水、电等生活原始资料一样，逐渐成为我们生活不可或缺的一部分。

从本章开始的以后三章里，我们将逐渐学习如何设计程序通过互联网进行连接和通讯。

11.1Socket 的基本概念

11.1.1 什么是 Socket

在 Linux 系统中（或其他 UNIX），一切输入、输出都是通过文件描述符进行的。你可以通过文件描述符打开 UNIX 管道，普通串行终端，普通的磁盘文件，录音设备，等等，所以有人说 "Everything in Unix is a file!"。当然也可以是和其他联网计算机上的某个进程的通道。所谓 Socket，就是一个文件描述符，通过它可以和网络上的其他进程进行通讯。

既然 Socket 是一个文件描述符，那么我们能否通过 write()和 read()函数来读写它，也就是和远程进程进行通讯呢？答案是肯定的。但是，我们通常通过另外的专门函数去代替常用的 write()和 read()函数，因为这些专门设计的函数具有更有效的控制能力，更加适合于网络通讯的需求。

当你建立一个通讯用的 Socket，你必须指出通讯的风格，使用什么样的协议等，也就是需要回答下面的问题：

1) 数据传输的单位是什么。有的通讯过程需要一个字节一个字节地传输每个数据，而有些通讯过程需要把数据组合成具有一定长度的数据帧（或者叫数据包），这些数据帧作为整体被计算机网络系统传输。

2) 数据传输中是否允许数据丢失。有的通讯风格保证到达的数据都是按照发送时的顺序正确接收的，而有的不是这样：既不保证按照发送时的顺序到达，也不保证中间没有丢失。

3) 通讯过程是否始终面向一个连接。这种情况就像一个电话，我们打电话时首先和远端的电话建立一个连接，在整个通话过程中，我们一直保持这个连接，直到通话结束。另一种情况是不需要建立连接，直接发送数据就可以了，看起来像发送电报一样。

　　基于对这样问题的答案选择，有许多种 socket 可供使用。但是，我们这里只介绍两种互联网常用的 socket。这两种 socket 是：面向连接的 stream socket 和非面向连接的 datagram socket。另外有一种可以操作底层协议的 raw socket，在 Linux 中也经常使用，特别是实验某种新协议时，这里不作介绍。

　　stream socket 是面向连接的，打开之后的通讯过程中必须始终保持连接。数据传输是可靠的，假设发送方发送"1,2"两个数据包，则接收方也会以相同的顺序收到"1,2"两个数据包，且保证数据的正确性。

　　著名的 telnet 程序使用的就是 stream socket，当你用它连接到某个机器的已知端口上时，你输入的每个字符都会按顺序立刻发送给接收方，接收方也会发送它的相应给你的 telnet 程序，你的程序就会显示出返回的内容。还有 WWW 浏览器也是使用的 stream socket，可以设想当你使用 telnet 连接已知 WWW 服务器的端口 80 时，你同样可以显示出 WWW 服务器发送给你的 web 页面。

　　stream socket 之所以能够正确地传输数据，是因为它使用了一个叫做"The Transmission Control Protocol"或者"TCP"的协议。我们知道它是因为它是"TCP/IP"协议的一部分。该协议基于 RFC973，它负责在 IP 协议的基础上纠正可能发生的传输错误，保持连接。

　　datagram socket 是非面向连接的，如果发送方发送一个数据包，不需事先建立连接，发送的数据包在接收方不能保证收到，即使收到，也不能保证以发送相同的顺序接收。但是能够保证每个包的数据完整性，就像一封电报一样。datagram socket 是通过 UDP 协议完成的，使用 datagram socket 的常用程序如 tftp、bootp 等。

　　使用 datagram socket 的程序必须自己编写适当的纠错代码，比如，发送方可以要求接收方接收到一个数据包，作出相应的回答。如果收不到回答，则重新发送。为了使接收方获得接收数据的正确顺序，可以让数据包编号，等等。

11.1.2 网络协议

　　上面提到的 UDP、TCP 等都是网络协议。网络协议是网络中不同设备为了互相理解而制定的通讯规范。

　　最基本的网络协议是工作在最底层的物理层和数据链路层。比如，常见的用双绞线连接的局域网就是建立在 802.3 协议上。每一个网卡有一个硬件地址，我们称为 MAC 地址。当我们按照正确的方法操作网卡，网卡就能够发送一定长度的数据帧给具有某个 MAC 地址的其他网卡，或者接收由某个网卡发送的数据帧。这种接收和发送的地址是 MAC 地址，而 MAC 地址由国际权威机构分配，保证不会重复。

　　类似的协议还有无线局域网协议 802.11，电话 MODEM 使用的 PPP 等。这些协议的特点是进行数据建立一个能够进行基本数据传输的数据链路,具有一定的纠错能力,提供底层的物理地址识别，等等。

TCP/IP 协议的基础 IP 协议就是建立在这种底层协议之上，它是整个 internet 的基础。

11.1.3 数据结构

在广泛使用的数据结构和类型中，最经常使用的是整型 int，用来描述我们的 socket，和正常的文件描述符一样，它实际上是一个数据表格的索引，该表格的每一个表项描述一个打开的文件或其他和文件一样用相同数据结构描述的东西。

第一个介绍的数据结构是 struct sockaddr，它用来存放各种 socket 的地址信息：

```
struct sockaddr {
unsigned short sa_family;    //  address    family,
AF_xxx
  char sa_data[14];          // 14 bytes of protocol
address
    };
```

其中的数据成员 sa_family 可以是各种取值，用来描述不同通讯协议域。在这里我们使用 internet 类协议，所以使用 AF_INET 就可以了。sa_data 中存放 socket 的目的 ip 地址和端口号，由于手工包装 ip 地址和端口号比较烦琐，所以这种直接的应用并不广泛。

为了处理 struct sockaddr 结构，程序员创造了另外一个与之并行的数据结构 sockaddr_in（in 是 internet 的意思）：

```
struct sockaddr_in {
short int sin_family;        // Address family
unsigned short int sin_port; // Port number
struct in_addr sin_addr;     // Internet address
unsigned char sin_zero[8];   //  Same  size  as  struct
sockaddr
    };
```

这个数据结构使我们引用每一个数据成员变得容易，注意 unsigned char sin_zero[8]的作用是让 struct sockaddr_in 和 struct sockaddr 具有相同的长度，必须使用 memset()函数把它清成 0。short int sin_family 仍然是 AF_INET，其他的意义是显然的。

一个一定类型的数据在内存中不同字节的保存顺序因机器不同而不同。为了不同数据结构在网络中传输后仍然可以兼容，定义了"网络字节顺序"，不管主机中对数据结构的存储是否是网络字节顺序，总是希望在数据传输之前用特定的函数将所有的数据结构或类型转换成网络字节顺序，在接收后由网络字节顺序再转换成本地字节顺序。

上面的 struct sockaddr_in 中的 struct in_addr sin_addr 要求是网络

字节顺序。struct in_addr 的定义是：
```
    struct in_addr {
    unsigned long s_addr;      // that's a 32-bit long, or 4
  bytes
    };
```

下面介绍几个本地字节顺序和网络字节顺序转换的函数。它们的名字是用 n，h，s，l 组合而成，分别代表 network、host、short、long，每个名字总是用 n、s 开始：

```
    htons()      - "Host to Network Short"
    htonl()      - "Host to Network Long"
    ntohs()      - "Network to Host Short"
    ntohl()      - "Network to Host Long"
```

它们都是对整型进行转换的。上面的函数的意义不要多作介绍。也许你在一个已经使用网络字节顺序的主机系统中开发，会认为不用进行字节顺序转换，但是这会使你的程序不能轻易移植到和网络字节顺序反序的主机中。所以，为了兼容性，你最好是对上面结构中的 struct in_addr sin_addr 调用 htonl() 函数进行转换。

11.2 IP 地址和域名

Internet 上的每一个主机都有一个或多个 IP 地址来唯一的标识该主机。我们一般把 IP 地址写出用圆点分开的四个数字，如：210.31.6.100 等。每个网络上的计算机也有一个或多个主机名，一般写作一个用圆点隔开的字符串，如：www.cun.edu.cn 等。

应用程序往往可以让用户使用两种中的任何一种，但是，在网络连接时必须使用数字的 IP 地址才能建立连接。所以需要在两种表示方法之间转换的方法。

11.2.1　IP 地址

11.2.1.1 IP 地址的基本概念

一个 IPv4 的地址可以用一个包含 4 个字节的数据表示，在历史上，这些字节可以分成两部分：一部分是网络地址，另一部分是在该网络中的局域网地址。在上世纪 90 年代中期，逐渐改变了这种看法。既然现在的函数一般是兼容以前的使用方法的，我们首先介绍这种包含网络地址和局域网地址的看法，然后再介绍一般的情况。

网络地址一般由前面的一个、两个或三个字节表示，剩下的字节就是局域网地址。IP 的网络地址必须在 Network Information Center（NIC）注册才能生效。IP 的网络地址被分成三类：A 类、B 类和 C 类地址。这三类网络中的主机的 IP 地址在每个网络的管理员注册就可以生效。

A 类网络具有单字节的网络地址,规定取值范围是 0-127,所以世界上 A 类网络的数量是很少的。但是 A 类网络中可以包含的主机数量非常巨大。B 类网络的地址由两个字节组成,但是第一个字节的范围必须是 128-191,B 类网络具有中等规模。C 类网络地址由三个字节组成,其中第一个字节的取值范围必须是 192-255。C 类网络规模最小,但是数量可以很多。

A 类网络 0 保留用来对所有的网络进行广播,而所有网络中,主机地址 0 保留用来对该网络中的所有主机广播。A 类网络 127 保留用来作为"回环"地址,任何时候都可以使用 IP 地址 127.0.0.1 指向主机自己。

既然一个主机可以存在于不同的网络中,所有可以认为一个主机可以有不同的 IP 地址,但是逻辑上不应该认为不同的主机可以有一个相同的 IP 地址。

在一般情况下,可以认为存在一个"子网掩码",这个子网掩码是把 IP 地址中所有表示网络地址的位置 1,所有标识本地地址的位置 0 得到的。把主机的 IP 地址和子网掩码按位"与"就可以得到网络地址。因此,A 类、B 类、C 类网络是子网掩码分别是 255.0.0.0、255.255.0.0 和 255.255.255.0 的特殊情况。

11.2.1.2 IP 地址相关的数据结构和系统调用

首先我们可以用函数 inet_addr() 把普通的表示 IP 地址的字符串转换成 4 个字节组成的长整数。比如,可以用来填充 struct sockaddr_in sa 中的 sin_addr 域:

```
sa.sin_addr.s_addr = inet_addr("210.31.6.100");
```

由于 inet_addr() 的返回值已经是网络字节顺序,所有我们省却了转换的过程。但是,上面的代码缺乏安全性,因为 inet_addr() 出错时返回-1,而-1 转换成无符号数就是 IP 地址 255.255.255.255,恰好是广播地址。所有,我们要处理好错误处理问题。

我们可以使用另外一个更为好用的函数,inet_aton ():

```
#include <sys/socket.h>
#include <netinet/in.h>
#include <arpa/inet.h>
int inet_aton(const char *cp, struct in_addr *inp);
```

这个函数可以更容易地通过返回值检查错误。下面举一个例子,可以方便地用来配合 socket() 或 bind() 函数调用:

```
struct sockaddr_in my_addr;
my_addr.sin_family = AF_INET; // host byte order
my_addr.sin_port = htons(MYPORT); // short, network byte
order
inet_aton("210.31.6.100", &(my_addr.sin_addr));
```

```
memset(&(my_addr.sin_zero),'\0',8); //zero the rest
```
inet_aton()函数成功返回非 0 值，失败返回 0 。有时在 Linux 之外的某些 UNIX 版本上，inet_aton()函数可能不被实现，所有，如果你希望你的代码具有最大的可移植性，就不要使用 inet_aton()，而是使用 inet_addr()函数。

我们也可以实现相反的过程：把一个二进制的 4 个字节表示的 IP 地址转换为容易读的用圆点隔开的字符串的形式，用来输出：

```
printf("%s", inet_ntoa(ina.sin_addr));
```

以上两个函数名字中的 aton 和 ntoa 分别表示"ascii to network"和"network to ascii"。由于 inet_ntoa()返回一个指针，所有每次调用该函数得到的指针指向的内存都会被刷新。下面举一个例子：

```
char *a1, *a2;
.
.
a1 = inet_ntoa(ina1.sin_addr); // this is 192.168.4.14
a2 = inet_ntoa(ina2.sin_addr); // this is 10.12.110.57
printf("address 1: %s\n",a1);
printf("address 2: %s\n",a2);
will print:
address 1: 10.12.110.57
address 2: 10.12.110.57
```

如果你希望保留以前调用的结构，那么必须使用 strcpy()函数拷贝到自己分配的内存中。

11.2.2 域名系统

11.2.2.1 域名系统的基本原理

在 Unix 网络中，每台连在网络中的计算机都有自己的 Unix 系统。这些连到网络中的系统称作主机，允许网络中的其他系统访问它们。"主机"这个术语实际上指 TCP/IP 网络中的任何一台计算机，不管是使用 Unix 系统还是其他系统。

网络中的每一个系统都由网络管理员指定一个名称，这就是它的主机名。在一个局域网里，这个主机名用作它的地址，就像登录名用作一个用户的地址一样。将主机名和登录名结合在一起，就组成了可用于电子邮件的用户地址，即如下所示：login-name@host-name。虽然在一个局域网中主机名已足以用于标识一个系统，但在不同的网络之间它还不足以唯一标识一个系统，而必须再加上域名。

域名就是一个网络的名称，为了进一步标识一个网络，通常在域名中添加上扩展名。扩展名可用于标识网络所在的国家或网络类型。美国境内的网络域名所使用的扩展名一般用来标识主机类型。例如，.edu 表示教育机构，.com 表示商业组织。国际上所使用的域名一般都带有用于标识所在国家类别的扩展名，例如，.du 表示德国，.au 表示澳大利亚。扩展名放在域名之后，中间由"."号隔开，例如一个域名为"trek"，扩展名为"com"的网络，可表示为"trek.com"。有时候，一个网络的域名可以由几部分组成，中间都由"."号隔开，即表示为"域名.扩展名"。

域名与主机名结合在一起，就构成了一个唯一的地址，可供不同网络上的其他系统识别。一个系统的全域名就是由主机名（系统名字）、域名（用于标识网络的名字）和扩展名（用于标识网络类型的名字）共三部分组成，各部分由"."号隔开，如下所示："主机名.域名.扩展名"。例如，一个商业网络"trek"上有一个"turtle"系统，那么该系统的主机名就为"turtle"，域名是"trek"，扩展名为"com"，其全域名就是"turtle.trek.com"。

因为全域名可以用作唯一标识一个系统，所以它也可视为主机或主机地址。如上所述，trek 商业网络上的 turtle 系统的主机地址就是"turtle.trek.com"。另外，全域名也可以用于标识许多 Internet 站点，例如 Web 站点或 FTP 站点。一个站点就是一台主机，它允许网络中其他系统上的用户访问其资源。例如，Sunsite FTP 站点的主机名为"sunsite"，域名为"unc"，扩展名为"edu"，则全域名就是"sunsite.unc.edu"。

通常一个网络中具有一些专门用于某些特定服务的系统，例如用于 FTP 或 Web 服务的系统。在这种情况下，主机名往往表明服务的类型，例如采用"ftp"表示 FTP 站点，"www"表示 Web 站点，因此，Netscape 的 FTP 站点名称为"ftp.netscape.com"，其 Web 站点名称为"www.netscape.com"。

域名是为了人类的需要而发明的，因为它使用自然语言的缩写符号来表示网络和计算机，容易被人们记忆和使用。人们很容易记住 www.pku.edu.cn 是北京大学的 web 服务器，但是记住它的 ip 地址 162.105.129.12 就很困难。

虽然域名系统容易被人们使用，但是计算机进行网络连接却需要主机数字的地址。所以，应该有一些系统函数用来在数字地址和主机的域名之间转换。

11.2.2.2 域名系统的相关系统调用

首先，你可以使用系统调用 gethostbyname() 得到由一个字符串表示的域名所代表的 IP 地址：

```
#include <netdb.h>
struct hostent *gethostbyname(const char *name);
```
它返回的是一个指向 struct hostent 类型的指针，该结构定义如下：
```
struct hostent {
char *h_name;
char **h_aliases;
int h_addrtype;
```

```
int h_length;
char **h_addr_list;
};
#define h_addr h_addr_list[0]
```

这里，不同的域意义如下：

h_name – 主机的正式名称。

h_aliases – 主机的别名，用 ASCIIZ 字符串表示。

h_addrtype – 返回的地址类型，应该是 AF_INET。

h_length – 地址的字节长度。

h_addr_list – 由于同一个域名可以对应多个 IP 地址，因此，这里给出所有 IP 地址的列表，用 0 表示结束。主机地址已经是网络字符顺序。

h_addr –h_addr_list 中的第一个地址。

成功调用返回一个指向 struct hostent 的指针，如果失败，返回 NULL。下面举例说明其用法：

程序 13-22：获取 ip 地址

```
/*
** getip.c - a hostname lookup demo
*/
#include <stdio.h>
#include <stdlib.h>
#include <errno.h>
#include <netdb.h>
#include <sys/types.h>
#include <sys/socket.h>
#include <netinet/in.h>
#include <arpa/inet.h>
int main(int argc, char *argv[])
{
struct hostent *h;
if (argc != 2) { // error check the command line
fprintf(stderr,"usage: getip address\n");
exit(1);
}
if ((h=gethostbyname(argv[1])) == NULL) { // get the host info
herror("gethostbyname");
exit(1);
}
printf("Host name : %s\n", h->h_name);
```

```
printf("IP Address: %s\n",
         inet_ntoa(*((struct in_addr *)h->h_addr)));
return 0;
}
```

上面的程序从命令行中取得要查找的域名，然后找出所有相关的 IP 地址。

11.3 Socket 相关系统调用

我们将介绍相关的系统调用，只要我们能够正确地使用这些函数，Linux 内核就能够为我们做好所有工作，我们不用去管网络的细节。需要特别注意的是下面这些函数的调用顺序，这可以从我们的例子中得到正确的指导。

11.3.1 socket()

首先，我们应该介绍 socket() 函数，它用来产生文件描述符 socket。
```
#include <sys/types.h>
#include <sys/socket.h>
int socket(int domain, int type, int protocol);
```
下面介绍 socket() 函数参数的意义和设置方法。首先，domain 应该设置成 AF_INET，就像上面的数据结构 struct sockaddr_in 中一样。参数 type 告诉内核是 SOCK_STREAM 类型还是 SOCK_DGRAM 类型。最后，把 protocol 设置为 "0"。
socket() 只是返回你以后在系统调用中用到的 socket 描述符，出错返回 -1。全局变量 errno 中将储存返回的错误值。同时可以用 perror() 打印错误信息。

11.3.2 bind()

当你通过 socket() 调用获得一个套接字，你可能要将套接字和机器上的一定的端口关联起来。如果想用 listen() 来侦听一定端口的数据，这是必要的。如果只想用 connect() 连接远端的计算机，而不关心连接时自己的端口，那么这个步骤就没有必要了。
这里是系统调用 bind() 的大概：、
```
#include <sys/types.h>
#include <sys/socket.h>
int bind(int sockfd, struct sockaddr *my_addr, int addrlen);
```
sockfd 是调用 socket() 返回的文件描述符。my_addr 是指向数据结构 struct sockaddr 的指针，它保存你的地址(即端口和 IP 地址) 信息。addrlen 设置为 sizeof(struct sockaddr)。

下面看一个简单的例子：

```
#include <string.h>
#include <sys/types.h>
#include <sys/socket.h>
#define MYPORT 5000
main()
{
    int sockfd;
    struct sockaddr_in my_addr;
    sockfd = socket(AF_INET, SOCK_STREAM, 0); /*需要错误检查 */
    my_addr.sin_family = AF_INET; /* host byte order */
    my_addr.sin_port = htons(MYPORT);
                  /* short, network byte order */
    my_addr.sin_addr.s_addr = inet_addr("210.31.6.100");
    bzero(&(my_addr.sin_zero),8);
        /* zero the rest of the struct */
        /* don't forget your error checking for bind(): */
    bind(sockfd, (struct sockaddr *)&my_addr,
        sizeof(struct sockaddr));
    ... ...
```

这里有要注意的几个问题。my_addr.sin_port 和 my_addr.sin_addr.s_addr 是网络字节顺序。另外，在处理自己的 IP 地址和端口的时候，有些工作是可以自动处理的。比如：

```
    my_addr.sin_port = 0; /* 随机选择一个没有使用的端口 */
    my_addr.sin_addr.s_addr = INADDR_ANY; /* 使用自己的 IP 地址
*/
```

通过将 0 赋给 my_addr.sin_port，告诉 bind()自己选择合适的端口号。同样，将 my_addr.sin_addr.s_addr 设置为 INADDR_ANY，让 bind()自动给你选择一个自己主机上可用的 IP 地址。bind()在错误的时候返回-1，并且设置全局错误变量 errno。

在你调用 bind() 的时候，一般不要采用小于 1024 的端口号。所有小于 1024 的端口号都被系统保留。你可以选择从 1024 到 65535 的端口，如果它们没有被别的程序使用的话。如果你使用 connect() 来和远程机器进行通讯，你不需要关心你的本地端口号，你只要简单地调用 connect() 就可以了，它会检查套接字是否绑定端口，如果没有，它会自己绑定一个没有使用的本地端口。

11.3.3 connect()

在网络服务模式中，一个连接的建立总是服务器等待连接，客户程序和服务器去连接。下面讨论客户程序如何通过 connect() 函数和服务器连接。

```
#include <sys/types.h>
#include <sys/socket.h>
int connect(int sockfd, struct sockaddr *serv_addr, int addrlen);
```

sockfd 是系统调用 socket() 返回的套接字文件描述符。serv_addr 是指向保存着远端端口和 IP 地址的 struct sockaddr 类型数据结构的指针，addrlen 设置为 sizeof(struct sockaddr)。通常情况下，该函数会一直等待远端的服务器程序对连接进行正确的反应才返回。但是，如果你设置 sockfd 文件描述符是非阻塞的，那么函数 connect() 会立刻返回。

如果连接成功，connect() 函数返回 0，出错返回-1，并且设置 errno 为错误类型。让我们来看个例子：

```
#include <string.h>
#include <sys/types.h>
#include <sys/socket.h>
#define DEST_IP "132.241.5.10"
#define DEST_PORT 23
main()
{
int sockfd;
struct sockaddr_in dest_addr; /* 目的地址*/
sockfd = socket(AF_INET, SOCK_STREAM, 0); /* 错误检查 */
dest_addr.sin_family = AF_INET; /* host byte order */
dest_addr.sin_port = htons(DEST_PORT); /* short, network byte order */
dest_addr.sin_addr.s_addr = inet_addr(DEST_IP);
bzero(&(dest_addr.sin_zero),; /* zero the rest of the struct */
/* don't forget to error check the connect()! */
connect(sockfd, (struct sockaddr *)&dest_addr, sizeof(struct sockaddr));
... ...
```

这里，我们没有设置自己的端口号，而是让系统自动给分配合适的值。

11.3.4 accept()和listen()

下面讨论一个服务器程序该如何做。一个服务器程序总是等待其他程序的连接，然后接受（当然也可以拒绝）它。等待一个程序连接用 listen()函数调用，顾名思义，它让系统"听"是否在某个端口上有外部程序进行连接。该函数的形式如下：

int listen(int sockfd, int backlog);

sockfd 是调用 socket() 返回的套接字文件描述符，并且应该经过 bind()函数的绑定，和一个确定的 ip 地址和端口号连接。backlog 是队列中允许的连接数目。系统总是维护一个等待你处理的连接队列，进入的连接是在队列中一直等待直到你接受，直到你通过 accept()函数开始处理为止。队列的最大长度由系统决定，大多数系统的允许数目是 20，你也可以设置为 5 到 10。

和别的函数一样，在发生错误的时候返回-1，并设置全局错误变量 errno。

一般来说，服务器程序的函数调用顺序如下：

socket();

bind();

listen();

accept();

accept()函数的行为有一点复杂。我们设想一个服务器程序，它可能同时接受很多的连接，所以，系统除了建立一个队列来处理连接外，还通过 accept()函数产生一个全新的文件描述符来描述新建立的和客户机程序的连接，而原来的描述符仍然在进行监听。原来的描述符并不参与新建立的网络连接。accept()函数的原型如下：

#include <sys/socket.h>

int accept(int sockfd, void *addr, int *addrlen);

sockfd 是套接字描述符。addr 是个指向局部的数据结构 sockaddr_in 的指针。这是要求接入的客户机程序的地址信息（你可以测定哪个地址在哪个端口呼叫你）。在它的地址传递给 accept 之前，addrlen 是个局部的整形变量，设置为 sizeof(struct sockaddr_in)。accept 将不会将多余的字节给 addr。如果你放入的少些，那么它会通过改变 addrlen 的值反映出来。当没有需要处理的连接时，系统会让 accept()函数阻塞，直到有一个连接进来。

同样，在错误时返回-1，并设置全局错误变量 errno。

下面给出一段代码作为例子：

```
#include <string.h>
#include <sys/socket.h>
#include <sys/types.h>
#define MYPORT 3490 /*用户接入端口*/
#define BACKLOG 10 /* 多少等待连接控制*/
main()
{
```

```
int sockfd, new_fd; /* listen on sock_fd, new connection on new_fd */
struct sockaddr_in my_addr; /* 地址信息 */
struct sockaddr_in their_addr; /* connector's address information */
int sin_size;
sockfd = socket(AF_INET, SOCK_STREAM, 0); /* 错误检查*/
my_addr.sin_family = AF_INET; /* host byte order */
my_addr.sin_port = htons(MYPORT); /* short, network byte order */
my_addr.sin_addr.s_addr = INADDR_ANY; /* auto-fill with my IP */
bzero(&(my_addr.sin_zero),; /* zero the rest of the struct */
/* don't forget your error checking for these calls: */
bind(sockfd, (struct sockaddr *)&my_addr, sizeof(struct sockaddr));
listen(sockfd, BACKLOG);
sin_size = sizeof(struct sockaddr_in);
new_fd = accept(sockfd, &their_addr, &sin_size);
... ...
```

注意，在系统调用 send() 和 recv() 中你应该使用新的套接字描述符 new_fd。如果你只想让一个连接进来，那么你可以使用 close() 关闭原来的文件描述符 sockfd 来避免同一个端口更多的连接。

11.3.5 send()和 recv()

这两个函数用于流式套接字或者数据报套接字的通讯。如果你使用无连接的数据报套接字，你应该看一看下面关于 sendto() 和 recvfrom() 的章节。

send() 是这样的：

`int send(int sockfd, const void *msg, int len, int flags);`

sockfd 是发送数据的套接字描述符(或者是调用 socket() 或者是 accept() 返回的。)msg 是指向你想发送的数据的指针。len 是数据的长度。把 flags 设置为 0 就可以了，其实当 flag 为 0 时，send()函数和 write()函数的行为是一样的。

这里是一些例子：

```
char *msg = "Beej was here!";
int len, bytes_sent;
…
…
len = strlen(msg);
bytes_sent = send(sockfd, msg, len, 0);
```

send() 返回实际发送的数据的字节数，它可能小于你要求发送的数目，和 write() 函数一样。注意，有时候你告诉它要发送一堆数据可是它不能处理成功。它发送数据的一部分，然后希望你能够发送其他的数据。如果 send()返回的数据和 len 不相同，你就应该发送剩余的数据。但是这里也有个好消息：如果你要发送的包很小(小于大约1K)，它可能处理让数据一次发送完。它在错误的时候返回-1，并设置 errno。

recv() 函数很相似：

int recv(int sockfd, void *buf, int len, unsigned int flags);

sockfd 是要读的套接字描述符。buf 是要读的信息的缓冲区。len 是缓冲区的最大长度。flags 设置为 0，这时该函数和 read()函数行为相同。recv()返回实际读入缓冲的数据的字节数。或者在错误的时候返回-1， 同时设置 errno。

需要注意，send()和 recv()函数只能用在面向连接的网络连接上，非连接的套接口应该用下面的 sendto()和 recvfrom()。

11.3.6 sendto()和 recvfrom()

在数据报套接口上发送数据的一般方法是使用 sendto()函数。实际上，你也可以在数据报套接口上使用 connect()函数，这时并不是建立一条真正的连接，而是规定了数据发送的缺省去向。你可以通过 send()函数或者甚至于通过 write()函数发送数据到缺省的数据接收端。你也可以通过在此调用 connect()函数，使用地址格式 AF_UNSPEC来取消缺省的数据接收方。当然，最好的方法还是使用 sendto()函数：

int sendto(int sockfd, const void *msg, int len, unsigned int flags,

const struct sockaddr *to, int tolen);

你已经看到了，除了另外的两个信息外，其余的和函数 send()是一样的。to 是个指向数据结构 struct sockaddr 的指针，它包含了目的地的 IP 地址和端口信息。tolen 可以简单地设置为 sizeof(struct sockaddr)。和函数 send()类似，sendto()返回实际发送的字节数(它也可能小于你想要发送的字节数！)，或者在错误的时候返回 -1。

和函数 recv()相似的是 recvfrom()。recvfrom() 的定义是这样的：

int recvfrom(int sockfd, void *buf, int len, unsigned int flags,

struct sockaddr *from, int *fromlen);

除了两个增加的参数外，这个函数和 recv()也是一样的。from 是一个指向局部数据结构 struct sockaddr 的指针，它的内容是源机器的 IP 地址和端口信息。fromlen 是个 int 型的局部指针，它的初始值为 sizeof(struct sockaddr)。函数调用返回后，fromlen保存着实际储存在 from 中的地址的长度。当数据缓冲区的长度不能满足一个数据包的要求，数据包剩余的部分将被舍掉，而且没有方法重新取得舍掉的部分。所以，你通过已知的数据报协议通讯时，你应该总是知道对方发送数据包的大小的（起码知道最大长度）。

recvfrom() 返回收到的字节长度，或者在发生错误后返回 -1。

最后强调，如果你用 connect()连接一个数据报套接字，你可以简单地调用 send()和 recv()来满足你的要求。这个时候依然是数据报套接字，依然使用 UDP，系统套接字接口会为你自动加上了目标和源的信息。

11.3.7 close()和 shutdown()

既然套接口描述符也是一种文件描述符，所以你总是可以在使用完成后简单的调用 close()关闭它：

close(sockfd);

如果仍然有数据等待传送，通常 close()函数将尽量完成传送。你也能够控制这个过程，通过 SO_LINGER 套接字选项设置一个超时退出时间。

但是最好的方法还是使用更专门的函数 shutdown()，它将提供更多的控制能力。

int shutdown(int sockfd, int how);

sockfd 是你想要关闭的套接字文件描述符。how 的值是下面的其中之一：

0 – 关闭前停止接收数据，如果更多的数据到来，则丢弃它。

1 – 停止尝试发送数据。丢弃所有待发送数据，停止寻找对已经发送的数据的确认，如果发送的数据丢失，则不再重复发送。

2 – 同时停止发送和接收。

shutdown()成功时返回 0，失败时返回-1(同时设置 errno。)。如果在无连接的数据报套接字中使用 shutdown()，那么只不过是让 send()和 recv()不能使用(记住你在数据报套接字中使用了 connect 后是可以使用它们的)，相当于使用了使用地址格式 AF_UNSPEC 重新设置。

11.3.8 getpeername()函数

这个函数太简单了。它用来告诉你连接在你的那一边的机器是谁。它的原型是：

#include <sys/socket.h>

int getpeername(int sockfd, struct sockaddr *addr, int *addrlen);

该函数返回连接到网络另一端的计算机的地址，sockfd 是连接的套接字，struct sockaddr *addr 是存储返回地址的数据结构，其定义上面已经给出。int *addrlen 是指向整型变量的指针，该变量给出返回地址数据结构的长度。在 Linux 系统中，该函数只能用在 Internet 域中。

11.3.9 gethostname()函数

甚至比 getpeername() 还简单的函数是 gethostname()。它返回程序所运行的机器的主机名字。然后你可以使用 gethostbyname()以获得你的机器的 IP 地址。

下面是该函数的原型：

#include <unistd.h>

int gethostname(char *hostname, size_t size);

参数很简单：hostname 是一个字符数组指针，它将在函数返回时保存主机名。size

是 hostname 数组的字节长度。函数调用成功时返回 0，失败时返回 -1，并设置 errno。

11. 3. 10原始格式通讯的一个例子

下面我们分别举一个面向连接的客户机和服务器的程序作为例子。

11.3.10.1　面向连接的客户机

这里我们简单地让客户机程序连接 Internet 上的一个服务器计算机，然后只简单地发送一个字符串作为信息的例子。

程序 13-23：面向连接的客户机

```
/* init_sockaddr.c */
#include <stdio.h>
#include <stdlib.h>
#include <sys/socket.h>
#include <netinet/in.h>
#include <netdb.h>

void
init_sockaddr(struct sockaddr_in *name,
              const char *hostname,
              uint16_t port)
{
    struct hostent *hostinfo;
    name->sin_family = AF_INET;
    name->sin_port = htons(port);
    hostinfo = gethostbyname(hostname);
    if(hostinfo==NULL)
    {
        fprintf(stderr, "Unknown host %s.\n",hostname);
        exit(EXIT_FAILURE);
    }
    name->sin_addr = *(struct in_addr *)hostinfo->h_addr;
}

/* term.c */
#include <stdio.h>
#include <error.h>
```

```c
#include <stdlib.h>
#include <unistd.h>
#include <sys/types.h>
#include <sys/socket.h>
#include <netinet/in.h>
#include <netdb.h>


#define PORT 5000
#define MESSAGE "Hello, the world!"
#define SERVERHOST "electronis.cun.edu.cn"


void
write_to_server(int filedes)
{
    int nbytes;
    nbytes = write(filedes,MESSAGE,strlen(MESSAGE)+1);
    if(nbytes<0)
    {
        perror("write");
        exit(EXIT_FAILURE);
    }
}

int
main()
{
    extern void init_sockaddr(struct sockaddr_in *name,
                              const char *hostname,
                              uint16_t port);

    int sock;
    struct sockaddr_in servername;

        /* Create the socket */
    sock = socket(PF_INET,SOCK_STREAM,0);
    if(sock<0)
    {
```

```
        perror("socket (client)");
        exit(EXIT_FAILURE);
    }

    /* Connect to the server */
    init_sockaddr(&servername, SERVERHOST, PORT);
    if(0>connect(sock,
                (struct sockaddr *) &servername,
                sizeof(servername)))
    {
        perror("connect (client)");
        exit(EXIT_FAILURE);
    }

    /* Send data to the server */
    write_to_server(sock);
    close(sock);
    exit(EXIT_SUCCESS);
}
```

11.3.10.2 服务器程序

下面是和上面程序相配合的服务器程序。服务器程序相对复杂一些，因为既然支持多个连接，就应该有同时处理多个连接的能力。一般的方法是用多进程程序实现，这种方法要在下面的章节中讲述。我们这里采用一种前面处理多个文件描述符的方法：用 select()系统调用。

这个服务器程序不作任何事情，只是检测是否有套接字符合关闭的条件，然后关闭它。下面就是程序的代码：

程序 13-24：面向连接的服务器

```
/* make_socket.c*/
#include <stdio.h>
#include <stdlib.h>
#include <sys/socket.h>
#include <netinet/in.h>

int
make_socket(uint16_t port)
{
```

```c
        int sock;
        struct sockaddr_in name;

        /* Create the socket. */
        sock = socket(PF_INET, SOCK_STREAM, 0);
        if(sock<0)
        {
            perror("socket");
            exit(EXIT_FAILURE);
        }

        /* Give the socket a name */
        name.sin_family = AF_INET;
        name.sin_port = htons(port);
        name.sin_addr.s_addr = htonl(INADDR_ANY);
        if(bind(sock,(struct sockaddr *) &name, sizeof(name)<0)
        {
            perror("bind");
            exit(EXIT_FAILURE);
        }
        return sock;
}

/* server.c */
#include <stdio.h>
#include <error.h>
#include <stdlib.h>
#include <unistd.h>
#include <sys/types.h>
#include <sys/socket.h>
#include <netinet/in.h>
#include <netdb.h>

#define PORT 5000
#define MAXMSG 512

int
read_from_client(int filedes)
{
```

```c
    char buffer(MAXMSG);
    int nbytes;

    nbytes=read(filedes, buffer, MAXMSG);
    if(nbytes<0)
    {
        /* Read error */
        perror("read");
        exit(EXIT_FAILURE);
    }
    else if(nbytes==0)
    {
        /* End_of_file */
        return -1;
    }
    else
    {
        /* Data read */
        fprintf(stderr, "Server: got message: %s\n", buffer);
        return 0;
    }
}


int
main()
{
    extern int make_socket(uint16_t port);
    int sock;
    fd_set active_fd_set, read_fd_set;
    int i;
    struct sockaddr_in clientname;
    size_t size;

    /* Create the socket and set it up to accept connection */
    sock = make_socket(PORT);
    if(listen(sock,1)<0)
    {
```

```
        perror("listen");
        exit(EXIT_FAILURE);
    }

    /* Initialize the set of active sockets. */
    FD_ZERO(&active_fd_set);
    FD_SET(sock,&active_fd_set);

    while(1)
    {
        read_fd_set = active_fd_set;
        if(select(FD_SETSIZE, &read_fd_set,   NULL, NULL, NULL)<0)
        {
            perror("select");
            exit(EXIT_FAILURE);
        }

        /* Service all the socket with input pending */
        for(i=0;i<FD_SETSIZE;i++)
        {
            if(FD_ISSET(i, &read_fd_set))
            {
                if(i==sock)
                {
                    /* Connection request on original socket */
                    int new;
                    size = sizeof(clientname);
                    new = accept(sock,
                                (struct sockaddr *) &clientname,
                                &size);
                    if(new<0)
                    {
                        perror("accept");
                        exit(EXIT_FAILURE);
                    }
                    fprintf(stderr,
                            "Server: connect from host %s, port %hd.\n",
                            inet_ntoa(clientname.sin_addr),
                            ntohs(clientname.sin_port));
```

```
                    FD_SET(new,&active_fd_set);
            }
            else
            {

                    /* Data arriving on an alreadly-connected socket */
            if(read_from_client(i)<0)
            {

                    close(i);
                    FD_CLR(i, &active_fd_set);
            }
            }
        }
    }
`   }
}
```

思考和练习

1. internet 网络根据规模不同可以分成哪些类型？其网络中的计算机的 ip 地址有哪些特点？
2. 阐明域名系统存在的意义和域名解析的方法。
3. 一个 ip 地址可以对应多个域名吗？一个域名可以对应多个 ip 地址吗？通过研究一些实例说明。
4. 说明服务器程序套接字的调用顺序。
5. 说明客户机程序的套接字函数调用顺序。
6. 在同一个计算机中，不同进程通过网络套接字进行通信和通过命名管道进行通信，你认为何者更为方便？
7. 一个视频广播服务器程序，通过何种协议比较方便？

第十二章 非连接通讯—UDP

12.1 UDP 服务器

当服务器和客户机之间不需要建立连接，这时可以用 UDP 协议实现通讯过程。UDP 协议不需要连接和控制，所以效率较高。但是，由于其数据传输并不可靠，只有当数据的丢失并不重要或者由应用程序自己控制数据的丢失和重复发送等问题时才可以使用 UDP 协议。这时的服务器是被动的接收方。

在一些局域网中，由于数据链路的性能很好，数据的传输非常可靠。这时网络分布式应用程序数据之间的 UDP 传输很少丢失。当程序的命令允许重复，而且命令的结构可以反馈时，甚至连数据的丢失都不用考虑。比如，我们按下一个按钮通过发送一个 UDP 数据包打开一个远端的门，门打开后会发送一个应答数据包显示门的状态。试想用户按了一下按钮，如果 UDP 数据丢失，用户看到门没有打开，他就会重复按按钮，直到打开。

另外一个例子就是视频广播的情况。设想一个视频服务器只是简单地通过 UDP 协议发送视频数据帧。接收方通过接收数据显示图像。由于网络传输问题使接收方丢失了一些数据包，如果这时视频播放器仍然可以从后续的数据包中重建视频的播放，那么这种数据丢失只是引起暂时的丢弃某些图像帧。要是这种视频质量的破坏是可以容忍的，我们在设计时不仅可以使用 UDP 协议，而且可以不用管数据的丢失。

如果使用 UDP 协议的服务器只是广播信息，那么服务器简单地建立非连接的套接字，并通过它不断发送数据包就可以了。更多的服务器程序是在某一个端口接收数据包的到来，当接收到一个数据包时，进行处理，然后发送一个返回的数据包，如此反复。这个过程可以用程序框图表示，如图 14-1。

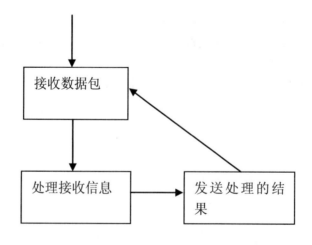

图 14-1 UDP 协议服务器程序框图

12.1.1 建立 UDP 监听套接口

为了建立一个 UDP 监听的套接字，涉及很多细节。为了掩盖这些细节，我们使用了函数 passibesock()来掩藏实现的复杂性。这个函数使用服务的名称和类型来建立套接字，名称和服务端口的对应由系统维护，这样省却了我们确定服务端口的麻烦。对于"公知"的端口，我们只需要提供名字，程序就能够从系统数据库中取得该端口号。对于我们自己使用的端口，可以通过把名称、类型等加入到系统数据库中的方法实现。这样，我们就可以容易建立一个使用友好的服务器程序。

这个程序的源代码如下，也供我们在面向连接的服务器程序中使用。

程序 14-1：UDP 程序的公用函数

```
/* passivesock.c - passivesock */

#include <sys/types.h>
#include <sys/socket.h>

#include <netinet/in.h>

#include <stdlib.h>
#include <string.h>
#include <netdb.h>

extern int errno;

int    errexit(const char *format, ...);

unsigned short portbase = 0;   /* port base, for non-root servers    */

/*------------------------------------------------------------------------
 * passivesock - allocate & bind a server socket using TCP or UDP
 *------------------------------------------------------------------------
 */
int
passivesock(const char *service, const char *transport, int qlen)
/*
 * Arguments:
 *        service    - service associated with the desired port
 *        transport - transport protocol to use ("tcp" or "udp")
 *        qlen        - maximum server request queue length
```

```
    */
    {
        struct servent  *pse;      /* pointer to service information entry  */
        struct protoent *ppe;      /* pointer to protocol information entry*/
        struct sockaddr_in sin;    /* an Internet endpoint address          */
        int   s, type;   /* socket descriptor and socket type      */

        memset(&sin, 0, sizeof(sin));
        sin.sin_family = AF_INET;
        sin.sin_addr.s_addr = INADDR_ANY;

        /* Map service name to port number */
        if ( pse = getservbyname(service, transport) )
            sin.sin_port = htons(ntohs((unsigned short)pse->s_port)
                + portbase);
        else if ((sin.sin_port=htons((unsigned short)atoi(service))) == 0)
            errexit("can't get \"%s\" service entry\n", service);

        /* Map protocol name to protocol number */
        if ( ( (ppe = getprotobyname(transport)) == 0)
            errexit("can't get \"%s\" protocol entry\n", transport);

        /* Use protocol to choose a socket type */
        if (strcmp(transport, "udp") == 0)
            type = SOCK_DGRAM;
        else
            type = SOCK_STREAM;

        /* Allocate a socket */
        s = socket(PF_INET, type, ppe->p_proto);
        if (s < 0)
            errexit("can't create socket: %s\n", strerror(errno));

        /* Bind the socket */
        if (bind(s, (struct sockaddr *)&sin, sizeof(sin)) < 0)
            errexit("can't bind to %s port: %s\n", service,
                strerror(errno));
        if (type == SOCK_STREAM && listen(s, qlen) < 0)
            errexit("can't listen on %s port: %s\n", service,
```

```
                         strerror(errno));
         return s;
    }


/* passiveUDP.c - passiveUDP */

int    passivesock(const char *service, const char *transport,
            int qlen);


下面的程序建立一个供侦听的套接口。


/*-------------------------------------------------------------------
  * passiveUDP - create a passive socket for use in a UDP server
  *-------------------------------------------------------------------
  */
int
passiveUDP(const char *service)
/*
  * Arguments:
  *        service - service associated with the desired port
  */
{
    return passivesock(service, "udp", 0);
}
```

12.1.2 UDP 应用协议举例

时间服务是一个应用层的协议，它能够让用户程序通过网络取得服务器的当前时间，下面我们介绍应用的协议。

12.1.2.1 时间服务

时间服务器可以由 TCP 实现，也可以由 UDP 实现。如果用 UDP 实现，定义了一个标准的 UDP 端口 37 用来作时间服务。当服务器接收到一个包含请求计算机 ip 地址和端口号的 UDP 数据包，它就会取得当前时间，并发送给客户程序。

为了避免不同时区的计算机有不同的本地时间造成的问题，规定所以时间服务传输的时间都是"格林威治"标准时间。这样，不同时区的服务器都可以为另外时区的客户机提供时间服务了。当然，这个时间可以再转换成本地时间。

因为时间服务主要是从 UNIX 服务发展起来的，所以时间也是使用 UNIX 程序设计习惯使用的 Coordinated Universal Time，它是从 1970 年 1 月 1 日零时起的秒数，是无符号 4 字节整数。使用这种格式表示时间，一方面使网络传输很快，另一方面，方便不同的计算机进行时间转换。

12.1.2.2 时间的获取和精度

为了获取 UDP 时间服务，可以向服务器 37 端口发送一个请求，其中包含一个数据包。服务器接收到之后从中解析出发送的主机 IP 地址和端口号，然后把当前时间编码后发送出去。

这样获取的时间，没有考虑计算机网络的延时，因此，得到的时间可能是不准确的。实际上，我们经常在局域网中使用这种协议来同步不同的机器时钟，这种情况下，引入的误差只有几个毫秒。而且，计算机时钟的精度往往没有高的要求，这种精度完全是可以接收的，不会引起接收的困难。

但是，当需要高精度的同步时钟时怎么办呢？当然，我们可以通过适当的硬件设备获得，比如，通过 GPS 授时系统，可以得到相当精度的时间。如果，只限于网络，可以通过一些网络时钟同步协议获得两个时钟的同步。比如，要考虑网络传输时间的情况下，获得远程时间服务器的精确时间，可以发送请求时同时发送本地时间 T_1，服务器接收后同时发送 T_1 和服务器时间 T_2，设接收时的本地时间是 T_3，那么，在接收时服务器时间大约就是 $T_2 + (T_3 - T_1)/2$。

12.1.2.3 时间服务器程序

程序 14-2：时间服务程序
/* UDPtimed.c - main */

#include <sys/types.h>
#include <sys/socket.h>
#include <netinet/in.h>

#include <stdio.h>
#include <time.h>
#include <string.h>

extern int errno;

int   passiveUDP(const char *service);

```
int    errexit(const char *format, ...);

#define    UNIXEPOCH 2208988800UL       /* UNIX epoch, in UCT secs */

/*-----------------------------------------------------------------------
 * main - Iterative UDP server for TIME service
 *-----------------------------------------------------------------------
 */
int
main(int argc, char *argv[])
{
    struct sockaddr_in fsin;  /* the from address of a client*/
    char *service = "time";   /* service name or port number    */
    char buf[1];              /* "input" buffer; any size > 0*/
    int    sock;              /* server socket            */
    time_t    now;                  /* current time            */
    unsigned int    alen;     /* from-address length         */

    switch (argc) {
    case 1:
        break;
    case 2:
        service = argv[1];
        break;
    default:
        errexit("usage: UDPtimed [port]\n");
    }

    sock = passiveUDP(service);

    while (1) {
        alen = sizeof(fsin);
        if (recvfrom(sock, buf, sizeof(buf), 0,
                (struct sockaddr *)&fsin, &alen) < 0)
            errexit("recvfrom: %s\n", strerror(errno));
        (void) time(&now);
        now = htonl((unsigned long)(now + UNIXEPOCH));
        (void) sendto(sock, (char *)&now, sizeof(now), 0,
            (struct sockaddr *)&fsin, sizeof(fsin));
```

```
        }
    }
```

12.2 接收 UDP

12.2.1 UDP 客户机

UDP 客户程序一般比较简单，它只需取得发送套接字，通过服务器的地址和端口号，按照应用层的协议进行收发通讯就可以了。下面分别说明。

12.2.1.1 连接和非连接

通过 UDP 通讯的套接字，即可以通过 connect()函数调用和远程服务器关联，也可以不用。在使用 connect()函数的情况下，系统实际上不会真正和服务器进行连接，而是简单的记录下了服务器的地址参数，这时，可以通过 send()和 receive()函数发送和接收数据，或者通过 read()函数和 write()函数，这时不用给出服务器的地址信息。

在不使用 connect()函数的情况下，必须通过 sendto()和 recvfrom()函数进行数据的收发。这时，每次发送数据，都必须给出目的地址和端口号。

通过 connect()函数的好处是，我们可以不必每次给出对方的地址信息，减少烦琐。但是只能接收来自这个固定地址的信息，而不能接收任何 UDP 数据报。这比较适合客户端程序的需求。不进行 connect()函数调用的好处是灵活自由，可以同时处理和许多计算机的通讯过程，比较适合服务器程序的使用。

12.2.1.2 和服务器进行通讯

建立套接字后，对于客户程序来说，由于只和一个计算机进行通讯，可以通过调用 connect()函数取得方便。然后，可以进行数据的收发。每次发送的数据都会作为整体发送和接收，每次 write()操作都是要么全部发送完成，要么返回错误。接收则一次接收整个数据包，当数据包的长度大于接收缓冲区的总程度时，多余的数据会被截断，并且没有方法在此得到这些数据。

12.2.1.3 套接字的关闭

关闭一个用于 UDP 的套接字，可以用 close()函数，也可以用 shutdown()函数，它们的区别是 close()立即关闭套接字，并且丢弃所以没有完成接收的数据。shutdown()

函数允许更多的灵活性，使得在关闭过程中控制数据的处理过程。

在关闭本地的套接字后，远端的计算机并不知道发生的关闭过程。这时，需要我们设计应用层的协议妥善处理这种情况。

12.2.2 UDP 客户举例

我们仍然用符合时间协议的客户机作为例子，它能够取得时间服务器上的时间。

程序 14-3：时间服务的客户机

```c
/* connectsock.c - connectsock */

#include <sys/types.h>
#include <sys/socket.h>

#include <netinet/in.h>
#include <arpa/inet.h>

#include <netdb.h>
#include <string.h>
#include <stdlib.h>

#ifndef    INADDR_NONE
#define    INADDR_NONE   0xffffffff
#endif     /* INADDR_NONE */

extern int errno;

int    errexit(const char *format, ...);

/*------------------------------------------------------------------------
 * connectsock - allocate & connect a socket using TCP or UDP
 *------------------------------------------------------------------------
 */
int
connectsock(const char *host, const char *service, const char *transport )
/*
 * Arguments:
 *        host          - name of host to which connection is desired
```

```
*       service     - service associated with the desired port
*       transport - name of transport protocol to use ("tcp" or "udp")
*/
{
    struct hostent  *phe;      /* pointer to host information entry    */
    struct servent  *pse;      /* pointer to service information entry  */
    struct protoent *ppe;      /* pointer to protocol information entry*/
    struct sockaddr_in sin;   /* an Internet endpoint address            */
    int   s, type;   /* socket descriptor and socket type      */


    memset(&sin, 0, sizeof(sin));
    sin.sin_family = AF_INET;

    /* Map service name to port number */
    if ( pse = getservbyname(service, transport) )
        sin.sin_port = pse->s_port;
    else if ((sin.sin_port=htons((unsigned short)atoi(service))) == 0)
        errexit("can't get \"%s\" service entry\n", service);

    /* Map host name to IP address, allowing for dotted decimal */
    if ( phe = gethostbyname(host) )
        memcpy(&sin.sin_addr, phe->h_addr, phe->h_length);
    else if ( (sin.sin_addr.s_addr = inet_addr(host)) == INADDR_NONE )
        errexit("can't get \"%s\" host entry\n", host);

    /* Map transport protocol name to protocol number */
    if ( (ppe = getprotobyname(transport)) == 0)
        errexit("can't get \"%s\" protocol entry\n", transport);

    /* Use protocol to choose a socket type */
    if (strcmp(transport, "udp") == 0)
        type = SOCK_DGRAM;
    else
        type = SOCK_STREAM;

    /* Allocate a socket */
    s = socket(PF_INET, type, ppe->p_proto);
    if (s < 0)
```

errexit("can't create socket: %s\n", strerror(errno));

```
    /* Connect the socket */
    if (connect(s, (struct sockaddr *)&sin, sizeof(sin)) < 0)
        errexit("can't connect to %s.%s: %s\n", host, service,
            strerror(errno));
    return s;
}
```

/* connectUDP.c - connectUDP */

```
int   connectsock(const char *host, const char *service,
        const char *transport);

/*-----------------------------------------------------------------------
 * connectUDP - connect to a specified UDP service on a specified host
 *-----------------------------------------------------------------------
 */
int
connectUDP(const char *host, const char *service )
/*
 * Arguments:
 *       host       - name of host to which connection is desired
 *       service - service associated with the desired port
 */
{
    return connectsock(host, service, "udp");
}
```

/* UDPtime.c - main */

```
#include <sys/types.h>

#include <unistd.h>
#include <stdlib.h>
#include <string.h>
#include <stdio.h>
```

```c
#define    BUFSIZE 64

#define    UNIXEPOCH 2208988800UL      /* UNIX epoch, in UCT secs */
#define    MSG              "what time is it?\n"

extern int errno;

int    connectUDP(const char *host, const char *service);
int    errexit(const char *format, ...);

/*-----------------------------------------------------------------------
 * main - UDP client for TIME service that prints the resulting time
 *-----------------------------------------------------------------------
 */
int
main(int argc, char *argv[])
{
    char *host = "localhost";/* host to use if none supplied*/
    char *service = "time";  /* default service name        */
    time_t   now;                      /* 32-bit integer to hold time  */
    int   s, n;               /* socket descriptor, read count*/

    switch (argc) {
    case 1:
        host = "localhost";
        break;
    case 3:
        service = argv[2];
        /* FALL THROUGH */
    case 2:
        host = argv[1];
        break;
    default:
        fprintf(stderr, "usage: UDPtime [host [port]]\n");
        exit(1);
    }

    s = connectUDP(host, service);
```

```
(void) write(s, MSG, strlen(MSG));

/* Read the time */

n = read(s, (char *)&now, sizeof(now));
if (n < 0)
    errexit("read failed: %s\n", strerror(errno));
now = ntohl((unsigned long)now); /* put in host order */
now -= UNIXEPOCH;           /* convert UCT to UNIX epoch   */
printf("%s", ctime(&now));
exit(0);
}
```

思考和练习

1. 阐明 UDP 协议的特点和应用场合。
2. 在一个通过局域网进行的视频监控程序中, 使用 UDP 协议进行视频传输, 说明这样做的好处和程序需要注意的地方。
3. tftp 是通过 UDP 协议进行文件传输的。查阅资料, 说明其优点和存在的问题。
4. 某监控系统中, 命令和数据都是由一些较短的固定长度字符串组成, 这种情况下适合使用 UDP 协议吗? 阐明原因, 如果适合, 说明程序设计中要特别注意的问题。

第十三章 面向连接的通讯—TCP

13.1服务器程序

13.1.1 守护进程

一般的网络服务器程序都是所谓的守护进程（deamon），它们有着一般进程不具备的特点和编程方法。下面详细进行研究。

13.1.1.1 文件描述符

第一项仟务是关闭所有不必要的文件描述符。如果你的守护进程留下一个普通文件处于打开状态，这将阻止该文件被任何其他进程从文件系统中删除。它也阻止包含该打开文件的已装配的文件系统被卸下。在终端文件的情况下，关闭不必要的连接甚至更为重要。因为当在该终端上的用户退出系统后，将执行 vhangup()系统调用，守护进程访问该终端的权利将被撤销。这表示守护进程虽有它认为处于打开状态的文件描述符，事实上它已不再能通过这些文件描述符访问该终端。

关闭所有文件描述符用下面代码实现：

```
for(i=0;i<256;i++)
    close(i);
```

它简单地关闭所有打开的文件描述符，如果文件描述符的个数不是 256，可以用一个符号常量 NOFILE 表示最大的文件描述符个数。

13.1.1.2 对话过程和进程组

下面的任务是脱离对话过程和进程组。

当从终端运行一个程序，该程序就会从这个终端中获得信号，如果这些信号不被正确处理，将导致程序退出。

进程从它的双亲进程获得它的对话过程和进程组识别号。由于它属于一个对话过程和一个进程组，一个进程将接收任何作为整体发送给该对话过程或进程组的信号。这类似于从控制终端接收信号的问题，并且实际的解决方法也是同样的，即将进程和这一环境影响分离开。

在 Linux 中存在一个单一的系统调用，它将进程和它的当前的对话过程和进程组分离开，并且把它设置为一个新的对话过程的领头进程。这个系统调用设置对话过程识别号：

int setsid(int)

由于一个控制终端仅可以和单一的对话过程相连，作为 setsid()调用的副作用，它也把进程和它的控制终端分离开。setsid()的唯一问题是：只有执行它的进程不是对话过程的领头进程时，它才能发挥作用。在我们的情况下，容易假定该守护进程不是对话过程的领头进程，但是这不能保证，除非采取特殊步骤使它成为这样。你可以毫无疑问地这样说：如果一个特定的对话过程的领头进程执行了 fork()系统调用，则这一子女进程一定不是对话过程的领头进程。这提供了确保执行 setsid()的守护进程不是对话过程的领头进程的机制。守护进程需要做的只是按如下所示执行 fork()调用，然后在双亲进程中执行 exit()，并且在子女进程中执行 setsid()。

```
if(pid=fork())
    exit(0);
setsid();
```

即使采取了这些措施，还没有彻底解决将守护进程和它的控制终端分离的全部问题。这是由于当一个没有控制终端的对话过程的领头进程(就像我们现在的情况)打开其本身还不是另一个对话过程的控制终端的终端设备时，该终端将自动地变成新的对话过程的控制终端。但是注意，以这种方式获得控制终端仅可以由对话过程的领头进程完成。为了避免这种状况，明显的解决办法是要确保我们的进程不再是对话过程的领头进程。这可以由第二次执行 fork()及再次结束双亲进程来完成。这留下一个不属于其原始对话过程或进程组的子女进程，它没有控制终端，而且现在也不能再重新获得一个控制终端。

13.1.1.3 改变当前目录

在进程存在期间，内核保存系统中任何进程打开的当前工作目录。在正常情况下，这不成为一个问题。但是如果该进程在已装配的文件系统中有一个当前工作目录，则该文件系统被标志为"在使用"状态，而且它不可以被卸下。为了允许系统超级用户卸下文件系统，守护进程可以执行：

chdir("/");

改变当前目录到根目录。

13.1.1.4 设置文件掩码

进程一开始，它继承它的双亲进程的文件创建掩码。典型地，它具有值 022，表示由守护进程创建的任何文件将不把写权限给组或其他用户，不管守护进程本身规定什么权限位。依赖于守护进程的性质，这个操作可能或不可能成为问题。但是，将下列行包含在你的代码中，取消由双亲进程设置的文件创建掩码值产生的效果将是一件简单的事情，无论它当前是什么值：

umask(0);

13.1.1.5 处理 SIGCHLD 信号

有时守护进程被写成创建子女进程。在此情况下，双亲进程保持循环接收更多客户连接，而子女进程处理客户的请求。注意，双亲进程不执行 wait()系统调用等待它的子女进程结束。默认地，在这个情况下的子女进程将变成 zombie，浪费系统资源。在 Linux 下有几种方法可以绕过这个问题。最简单的是按如下方式将 SIGCHLD 信号的操作设置为 SIG_IGN：
signal(SIGCHLD,SIG_IGN);

13.1.1.6 完整的程序

下面的程序处理整个建立守护进程的过程：
程序 15-1：守护进程

```
/** deamon_init.c **/
void
deamon_init()
{
    int i;
    pid_t pid;
    if(pid=fork())
        exit(0);
    setsid();
    signal(SIGHUP,SIG_IGN);
    if(pid=fork())
        exit(0);
    chdir("/");
    umask(0);
    for(i=0;i<256;i++)
        close(i);
    return;
}
```

13.1.2 使用 TCP 连接的服务器

对于使用 TCP 连接的服务器程序，在外部连接建立后，使用 accept()函数产生新的套接字处理连接，而老的套接字仍然用来等待外部的连接。如果我们同时允许多个连接，这样，我们就面临处理多个文件描述符的问题。

这可以通过 select()函数或使用多进程实现。

13.1.2.1 使用 select()函数

select()函数测试一组文件描述符中是否有文件描述符准备好了输入输出数据。下面的数据结构用来表示一组文件描述符：

struct fd_set;

int FD_SETSIZE;

第二个常量定义了一个 fd_set 中所能够存放的最大文件描述符数目。对文件描述符集 fd_set 进行操作，需要四个宏，如下：

void FD_ZERO(fd_set *set);

void FD_SET(int filedes,fd_set *set);

void FD_CLR(int filedes, fd_set *set);

int FD_ISSET(int filedes, fd_set *set);

宏 FD_ZERO( )用来初始化文件描述符集 set，使之成为空集。FD_SET( )用来把文件描述符 filedes 加入到 set 中去，FD_CLR()把文件描述符 filedes 从文件描述符集 set 中去除。宏 FD_ISSET( )用来测试文件描述符 filedes 是否在文件描述符集 set 中。有了这些宏，就可以正确使用 select()函数，其原型如下：

int select(int nfds, fd_set * read_fds, fd_set * write_fds,

fd_set * except_fds, struct timeval *timeout);

函数 select()的调用将被阻塞，直到有文件描述符集中的某些描述符准备好。read_fds 是准备读的描述符集，write_fds 是准备写的描述符集，except_fds 是额外信息的描述符集，timeout 给出超时时间。select()函数只检查每个文件描述符集中的前 nfds 个文件描述符，所以通常传递参数 FD_SETSIZE 给 select()。

该函数出错返回 0，正确调用返回准备好的描述符个数。在函数调用过程中，任何信号都会使调用返回。

使用这个函数的例子见前面的章节。

13.1.2.2 使用多进程

服务器程序更为一般和高效的方法是使用多进程处理每个连接。常用的方法是在 accept( )函数调用成功后得到一个新文件描述符集用来描述新建立的连接。这时，我们进行 fork( )调用，在父进程中关闭新建立的文件描述符，继续用老的文件描述符调用 accept( )函数接受客户机程序的连接，子进程中关闭老的文件描述符，而用新文件描述符进行数据的传输，当通讯过程结束后结束进程的执行。

图 15-1 表示了这个过程。

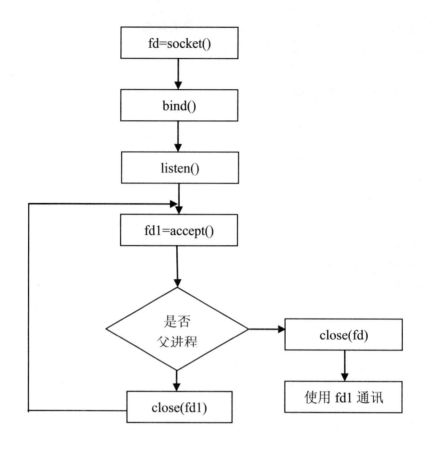

图 15-1 TCP 协议网络服务程序框图

13.1.3 一些额外的处理

我们使用 bind( )函数绑定一个 socket 的时候，系统就会标记该端口已被使用。如果你的进程意外退出，暂时系统还会认为端口正在被使用。这时要马上进行重新连接和绑定，就会被系统拒绝。解决这个问题的办法是调用选项设置函数，改变套接字的属性。

取得套接字属性的函数是 getsockopt()，其原型如下：

int getsockopt(int socket, int level, int optname,
　　　　　　void *optval, socklen_t * optlen_ptr);

其中参数 socket 是要操作的套接字，level 是等级，这里取值 SOL_SOCKET。optname 是属性的名字，optval 是属性的值，optlen_ptr 是存放属性长度的指针，在 Linux 系统上是整型指针。

设置属性的函数是 setsockopt()，原型如下：

int setsockopt(int socket, int level, int optname,

216

                    void *optval, socklen_t optlen_ptr);
各个参数的意义不再赘述。

属性名称有：

SO_REUSEADDR，它实际是设置该套接字绑定的端口可以被其他程序重用，既然能够被重用，那么在程序非正常退出后，也就可以马上重新使用该端口。该属性是一个整数，0 表示具有该属性。缺省状态下为非 0。

SO_KEEPALIVE，它的设置是让系统即使在使用 TCP 连接的套接字在非使用状态下也必须发送连接信息，以确认和对方一直保持着联系。

SO_SNDBUF、SO_RCVBUF，这两个属性是表示接受和发送缓冲区的大小，可以用来取得和设置。

13.1.4 使用 TCP 的服务器程序样例

下面我们给出一个简单的例子程序，它是一个守护进程，可以从控制台运行，也可从启动脚本中执行。我们使用了 deamon_init.c 程序。

它建立 TCP 套接字，监听端口，接受客户机程序的连接，产生新进程，在新进程中接收数据，然后把数据发送回去。

下面是程序文本：

程序 15-2：TCP 服务

```
#include <stdio.h>
#include <stdlib.h>
#include <errno.h>
#include <string.h>
#include <sys/types.h>
#include <netinet/in.h>
#include <sys/socket.h>
#include <sys/wait.h>
#define MYPORT 3490         /* the port users will be connecting to */
#define BACKLOG 10          /* how many pending connections queue will hold */

void    deamon_init();

main()
{
    int sockfd, new_fd;      /* listen on sock_fd, new connection on new_fd */
    struct sockaddr_in my_addr;      /* my address information */
    struct sockaddr_in their_addr;      /* connector's address information */
    int sin_size;
```

```c
    deamon_init();                          /* deamon */
    if ((sockfd = socket(AF_INET, SOCK_STREAM, 0)) == -1) {
        perror("socket");
        exit(1);
    }
    my_addr.sin_family = AF_INET;        /* host byte order */
    my_addr.sin_port = htons(MYPORT);    /* short, network byte order */
    my_addr.sin_addr.s_addr = INADDR_ANY;       /* auto-fill with my IP */
    bzero(&(my_addr.sin_zero), 8);            /* zero the rest of the struct */
    if (bind(sockfd, (struct sockaddr *)&my_addr, sizeof(struct sockaddr)) \
        == -1) {
        perror("bind");
        exit(1);
    }
    if (listen(sockfd, BACKLOG) == -1) {
        perror("listen");
        exit(1);
    }
    while(1) { /* main accept() loop */
        sin_size = sizeof(struct sockaddr_in);
        if ((new_fd = accept(sockfd, (struct sockaddr *)&their_addr, \
            &sin_size)) == -1) {
            perror("accept") ;
            continue;
        }
        if (!fork()) { /* this is the child process */
            if (send(new_fd, "Hello, Please say something to me\n\r", 35, 0) == -1)
                perror("send");
            char buf[100];
            while(1){
                int i;
                for(i=0;i<99;i++){
                    recv(new_fd,buf+i,1,0);
                    if(buf[i]=='\n'){
                        buf[i+1]=0;
                        break;
                    }
                }
                if(buf[0]=='q'&&buf[1]=='u'&&buf[2]=='i'&&buf[3]=='t') break;
```

```
                if(send(new_fd,"you say: ",9,0)==-1){
                        perror("send");
                }
                if(send(new_fd,buf,strlen(buf),0)==-1){
                        perror("send");
                }
            }
            close(new_fd);
            exit(0);
        }
        close(new_fd);              /* parent doesn't need this */
        while(waitpid(-1,NULL,WNOHANG) > 0);        /* clean up child processes
*/
        }
    }
```

13.2 客户程序

下面我们举例说明如何编制一个简单的客户机程序。我们的程序类似于一个 telnet 终端，简单地连接上面例子中的服务器，然后从标准输入中读取输入，发送到服务器进程，接收回复，并显示出来。

为了同时处理网络套接字和控制台输入、输出，我们使用了 select() 函数。

程序 15-3：TCP 客户端

```
#include <stdio.h>
#include <netinet/in.h>
#include <netdb.h>
#include <sys/socket.h>
#include <sys/signal.h>
#include <sys/time.h>
#include <sys/types.h>
#include <fcntl.h>
#include <unistd.h>
#include <sys/select.h>
#include <string.h>
#include <curses.h>
#include <sys/wait.h>
```

```c
#define ZERO (struct fd_set *)0

int sockfd;
unsigned char
receiveChar(void)
{
    char tmp;
    if(read(sockfd,&tmp,1)<=0)
    {
        printf("read socket error.\n");
        exit(-1);
    }
    return tmp;
}

void
sendChar(char ch)
{
    if(write(sockfd,&ch,1)<0)
    {
        printf("write socket error\n");
        exit(-1);
    }
}

void
sendString(char *p)
{
    if(write(sockfd,p,strlen(p))<0)
    {
        printf("write socket error.\n");
        exit(-1);
    }
}

void
killHandle(void)
```

```
{
    close(sockfd);
    exit(0);
}

void
closeHandle(void)
{
    printf("Connection closed by foreign host\n");
    exit(0);
}

int
main(int argc,char **argv)
{
    struct sockaddr_in host;
    struct hostent *hp;
    int status;
    fd_set mask,rmask;
    struct timeval timeout;
    signal(SIGTERM,(sig_t)killHandle);
    signal(SIGINT,(sig_t)killHandle);
    signal(SIGPIPE,(sig_t)closeHandle);
    char recbuf[1000];
    int reccount=0;
    char conbuf[1000];
    int concount=0;
    hp=gethostbyname(argv[1]);
    if(hp==NULL)
    {
        printf("Unknown host\n");
        exit(-1);
    }
    bzero((char *)&host,sizeof(host));
    bcopy(hp->h_addr,(char *)&host.sin_addr,hp->h_length);
    host.sin_family=AF_INET;
    host.sin_port=htons(5000);
    if((sockfd=socket(AF_INET,SOCK_STREAM,0))<0)
    {
```

```
            printf("Error in open socket\n");
            exit(-1);
    }
    printf("Connecting to %s\n",argv[1]);
    status=connect(sockfd,(struct sockaddr *)&host,sizeof(host));
    if(status<0)
    {
        printf("Connect error\n");
        exit(-1);
    }
    printf("Beginning to receive\n");
    while(1)
    {
        int binary=0;
        timeout.tv_sec=0;
        timeout.tv_usec=10;
        FD_ZERO(&rmask);
        FD_ZERO(&mask);
        FD_SET(sockfd,&rmask);
        FD_SET(0,&rmask);
        status=select(sockfd+1,&rmask,&mask,&mask,&timeout);
        if(FD_ISSET(sockfd,&rmask))
        {
            if(read(sockfd,recbuf+reccount,1)<=0)
            {
                printf("socket read error!\n");
                exit(-1);
            }
            if(recbuf[reccount]=='\n')
            {
                recbuf[reccount]=0;
                    //check the command here
                printf("%s\n",recbuf);
                reccount=0;
            }
            else
            {
                reccount++;
            }
```

```
            }
            if(FD_ISSET(0,&rmask))
            {
                    // check the keyboard
                char c;
                if(read(0,&c,1)<=0)
                {
                    printf("Console read error\n");
                }
                sendChar(c);
            }
            //do something else there
            //
        }
    }
```

思考和练习

1. 守护进程有何特点？
2. 说明 TCP 协议的特点和应用场合。举出几种应用 TCP 协议进行通信的例子。
3. 在 TCP 协议的服务器程序中，为什么使用多进程？如果不使用多进程，还有什么选择？为什么？
4. 编写一个使用 TCP 协议的服务器程序，其功能为读入客户机程序的输入，然后进行变换，输出给客户机。用 telnet 程序测试该程序。
5. 编写一个客户机程序，具有类似 telnet 程序连接服务器的功能，并使用该程序对上面的程序进行测试。
6. 编写一个简单的服务器、客户机程序，用于在两个主机之间进行文件传输服务。
7. 研究 POP3 协议，编写一个能够从远程 POP3 服务器中获取某用户信件的程序，并使用自己的邮件进行测试。
8. 如果用 TCP 协议连接 web 服务器，并发送 "get head" 命令，则可以得到 http 头信息。编写程序实现这个功能。

第十四章　使用 gtk 进行图形界面设计

在一个应用程序中，完善的功能和高的性能固然重要，友好的界面也是必不或缺的因素。现代的商业程序往往具有一个图形化的、易于使用和理解的交互式操作环境。

对于 Linux 环境下的图形界面设计，往往有很多种选择，许多选择都是基于和以前知识及技术的继承，如果没有这方面的问题，使用构件库和设计工具一般具有高的性能价格比。

这里介绍的 gtk 就是一套最流行的构件库，并且有图形设计工具支持，下面我们给出入门级的介绍。

14.1　gtk 的基本概念和机制

gtk 是一套图形窗口系统的构件库，在普通的 pc 上的 Linux 系统中，它是基于 X Window 系统的。

14.1.1　Linux 下的图形系统

早期的 Linux 系统图形功能主要靠特定的图形库实现，应用程序调用这些图形库中的函数，直接控制显卡，来实现图形功能。而内核并不支持图形功能。

Linux 下真正成功的图形环境是 X Window 系统，该系统 1984 由麻省理工学院研究，后来成为 Unix 和类 Unix 系统的主要图形系统。虽然它有其他的竞争者，但都是不足道的。X 系统从设计之初就制定了非常好的设计哲学，也就是著名的七原则（参见 http://zh.wikipedia.org/wiki/X_Window 系统）：

- 除非没有它就无法完成一个真正完整的应用程序，否则不用增加新的功能。
- 决定一个系统不是什么和决定它是什么同样重要。与其去适应整个世界的需要，宁可使得系统可以扩展，如此才能以持续相容的方式来满足新增需求。
- 只有完全没实例时，才会比只有一个实例来的糟。
- 如果问题没完全弄懂，最好不要去解决它。
- 如果预期要用 90％的努力去完成 10％的工作,应该用更简单的办法解决。(参见：更糟就是更好。)
- 尽量避免复杂性。
- 提供机制而不是策略，有关使用者接口的开发实现，交给实际应用者自主。

上述原则相信对于其他的设计也具有指导意义。关于 X 的其他历史和现状的信息，参见上面给出的链接，那是非常优秀的介绍文章。

14.1.2 gtk 和 gnome

很多终端用户甚至没有意识到 X 的存在，因为实际上很少直接和 X 系统打交道，与最终用户相关的是 X 上运行的桌面管理器和其他应用程序。

在 Linux 上很早就开发了一个强大的图形处理程序 GIMP（GNU Image Manipulation Program，http://www.gimp.org/），它类似于 windows 下的 photoshop 应用程序。gtk 就是为了开发 GIMP 而诞生的程序库（GIMP Tool Kit，参见：http://www.gtk.org/）。gtk 的基础是 GLib，它是基于 X Window 的。用 gtk 开发的桌面系统是 gnome（参见：http://www.gnome.org/），它是当前 Linux 上最流行的桌面系统之一（另一种是 KDE）。

gtk 是用面向对象思想设计的构件库，它提供多种语言的接口，包括 c、C++、Perl、Python、TOM、Ada95、Objective C、Free Pascal、Eiffel、Java 和 C#等。gtk 也是跨平台的，它可以在 windows 上实现，原则上，任何基于 gtk 的图形程序都可以移植到 windows 上去。在 Linux 系统上，GLib 库也可以不用 X Window 系统为基础，比如可以基于内核支持的 FrameBuffer 图形设备实现（参见 http://www.directfb.org/wiki/index.php/Projects: GTK_on_DirectFB），这样就可以抛开 X 系统，实现一个更紧凑和小巧的图形系统，在嵌入式系统上很有用。

14.1.3 gtk 基本实现机制

gtk 实现了图形窗口系统的各种部件，比如窗口、按钮、输入框等显示，并接管输入设备，把各种输入比如鼠标点击或按键等自动进行处理。用户程序的响应用"回调函数"实现。一个窗口部件的外观、大小等用部件的属性表示，可以在程序中改变部件的属性来控制其特性。当部件发生某些变化，或发生针对的输入时，认为该部件发生了特定的"事件"。事件发生时，系统产生对应的"消息"，如果程序向系统注册了对应某种消息的处理函数，则该函数被系统调用，来处理这个事件。这种消息处理函数就是"回调函数"，它是在事件发生时由系统调用的。

在 gtk 程序中，初始化完成后，程序会调用适当的函数创建需要的窗口部件，并把特定的函数注册成这些部件的特定消息的回调函数。所有这些处理好后，系统进入消息循环。当有特定的事件发生，消息被传递，相应的回调函数被系统调用。因此，整个 gtk 程序逻辑是消息驱动的，整个程序就是一个精巧的消息响应系统，用户书写代码处理特定的消息，这些程序平时不会执行，除非发生某种事件，触发了对应的消息。

这种程序逻辑和顺序程序设计逻辑是不同的。代码执行的顺序是由执行时的具体情况决定的，设计阶段要考虑好各种可能性。

14.2 使用 gtk 进行基本的图形界面设计

14.2.1 最简单的 gtk 程序

下面我们给出一个最简的 gtk 程序，该程序实际不能完成什么功能。

程序 16-1：最简单的 gtk 程序

```
#include <gtk/gtk.h>
int    main(int argc, char* argv[])
{
     GtkWidget *window, *label;
     gtk_init(&argc, &argv);
     window = gtk_window_new(GTK_WINDOW_TOPLEVEL);
g_signal_connect(G_OBJECT(window),"delete_event",
               G_CALLBACK(gtk_main_quit),NULL);
     label=gtk_label_new("Hello World!");
     gtk_container_add(GTK_CONTAINER(window),label);
     gtk_widget_show_all(window);
     gtk_main();
     return FALSE;
}
```

该程序首先要包含头文件 gtk.h，该文件包含了 gtk 图形库的类型定义、函数原型等。在 main 函数中，gtk_init(&argc, &argv)函数调用是 gtk 系统的初始化函数，它是必须首先调用的。程序包含两个窗口部件，一个是主窗体，用函数调用 gtk_window_new(GTK_WINDOW_TOPLEVEL)产生，其指针存放于变量 window 中；一个是标签 label，用来显示一行字符，通过调用 gtk_label_new("Hello World!")产生，其指针存于变量 label 中。gtk_container_add(GTK_CONTAINER(window), label)函数用于把标签部件 label 放到窗口 window 中。

信号和回调函数的联接用函数 g_signal_connect(G_OBJECT(window), "delete_event", G_CALLBACK(gtk_main_quit),NULL) 实现，它把 gtk 库中提供的 gtk_main_quit（）函数和窗口 window 的 delete_enent 时间关联起来，当我们点击窗口的关闭框时，发生 delete_event 消息，而 gtk_main_quit（）函数则能够让 gtk_main() 函数结束，从而结束程序的执行。否则，我们点击关闭框也无法关闭应用程序，必须从终端发送 kill 消息。g_signal_connect（）函数第一个参数是指向部件的指针，用宏 G_OBJECT（）类型转换，第二个参数是信号名称，用字符串表示，第三个参数是回调函数指针，第四个是传送给回调函数的用户数据，实际上是一个字符串。

当所有部件的关联、属性等设置好之后，就进入 gtk_main()函数，该函数是一个消息循环，负责获取各种消息，分发消息和调用回调函数。当该函数退出，整个程序就会结束。

该程序用下面的命令行进行编译：

gcc `pkg-config --cflags --libs gtk+-2.0` hello.c -o hello

编译后，运行的结果如图 16-1：

图 16-1 "Hello world" 的 gtk 程序运行结果

14.2.2 添加按钮

下面我们在刚才的程序基础上去掉文本框，并且添加一个按钮，使程序变得更加复杂和看起来更具有实用性。具体程序如下：

程序 16-2：包含一个按钮的 gtk 程序

```
//hello.c
#include <gtk/gtk.h>
//按钮的回调函数
void on_button_clicked(GtkWidget* obj, gpointer userdata)
{
    GtkWidget *dia;
    dia = gtk_message_dialog_new(NULL,
                GTK_DIALOG_MODAL
|GTK_DIALOG_DESTROY_WITH_PARENT,
                GTK_MESSAGE_INFO,
                GTK_BUTTONS_OK,
                (gchar*)userdata);
    gtk_dialog_run(GTK_DIALOG(dia));
    gtk_widget_destroy(dia);
}
//主函数
int   main(int argc, char* argv[])
{
    GtkWidget *window, *button;
    gtk_init(&argc, &argv);
    window = gtk_window_new(GTK_WINDOW_TOPLEVEL);
    g_signal_connect(G_OBJECT(window),"delete_event",
                G_CALLBACK(gtk_main_quit),NULL);
```

```
gtk_window_set_title(GTK_WINDOW(window),"Hello World!");
gtk_container_set_border_width(GTK_CONTAINER(window),10);
button=gtk_button_new_with_label("Hello World!");
g_signal_connect(G_OBJECT(button),"clicked",
        G_CALLBACK(on_button_clicked),(gpointer)"你好！");
gtk_container_add(GTK_CONTAINER(window),button);
gtk_widget_show_all(window);
gtk_main();
return FALSE;
}
```

图 16-2 添加按钮的 gtk 程序

在 main （ ） 函 数 中 ， 主 窗 口 增 加 了 gtk_window_set_title(GTK_WINDOW(window),"Hello World!")函数调用来设置窗口的标题，增加了函数调用 gtk_container_set_border_width(GTK_CONTAINER(window), 10)设置窗口边框宽度为 10 像素，用 button=gtk_button_new_with_label("Hello World!") 来 产 生 标 题 为 "Hello World" 的 按 钮 并 返 回 指 针 给 button 。 函 数 调 用 g_signal_connect(G_OBJECT(button), "clicked", G_CALLBACK(on_button_clicked), (gpointer)"你好！")把 button 的点击事件（clicked）和自定义回调函数 on_button_clicked （）关联。函数最后一个参数是字符串 ""你好！"，当调用回调函数时，作为参数传递给回调函数。

回调函数 on_button_clicked(GtkWidget* obj, gpointer userdata) 包含两个参数，第一个参数是指向引起事件消息的部件对象的指针，当函数为多个部件对象服务时，用之来区分究竟是哪个部件引起的回调函数执行。第二个参数是用户数据，就是在回调

函数设定中的 g_signal_connect（）函数的最后一个参数。在该回调函数开始，调用 gtk_message_dialog_new(NULL, GTK_DIALOG_MODAL |GTK_DIALOG_DESTROY_WITH_PARENT, GTK_MESSAGE_INFO, GTK_BUTTONS_OK, (gchar*)userdata)函数产生一个对话框，对话框的属性由函数传递参数的宏定义名称就可以知道。其中最后一个参数是对话框显示的内容，这里它是从回调函数传递来的字符串，即""你好！""。

在上面的函数中，经常出现一些 gtk 专有的数据类型，比如，gchar，它是为了 gtk 的可移植性而设定的，在 32 位 Linux 系统中，它其实就是 char。gpointer 也是类似的，它就是普通指针。这是为了在任何实现中，都让 gchar 代表 ASCII 字符串，不会随系统环境变化而不同。

14.2.3 更多信号相关的操作

上面的例子中，我们详细地解释了信号和回调函数相关的函数 g_signal_connect（）。如果想中断一个信号和回调函数的关联，用 void g_signal_handler_disconnect(gpointer object, gulong id)函数，其中，第一个参数就是窗口部件的指针，第二个参数是回调函数的标识，它是 g_signal_connect（）函数的返回值，该值是你的回调函数的唯一标识。

信号和回调函数的关联也可以被阻断，比如用下面的函数：void g_signal_handler_block(gpointer object, gulong id)，阻断并不是真正的断开，而是临时的阻塞，可用下面的函数恢复：void g_signal_handler_unblock(gpointer object, gulong id)。

阻断和恢复也可以用下面的一对函数：
void g_signal_handlers_block_by_func(gpointer object, GCallback func, gpointer data);
void g_signal_handlers_unblock_by_func(gpointer object, GCallback func, gpointer data);
这两个函数和前面函数的明显区别是，它们通过函数和注册时的用户数据来区分回调函数，而不是通过回调函数的标识。

14.2.4 部件的布局

上面的例子，窗口中只有一个部件，没有布局问题。如果窗口中含有多个部件，就需要按照某种方法进行布局控制。布局控制主要有两种方法：使用盒子或使用表。

盒子分横向盒子和纵向盒子两种。横向盒子可以把放进去的控件水平排列，而纵向盒子则垂直排列。横向盒子的创建函数是 GtkWidget *gtk_hbox_new (gboolean homogeneous, gint spacing)，纵向盒子的创建函数是 GtkWidget *gtk_vbox_new (gboolean homogeneous, gint spacing)。在两个参数中，第一个参数表示是否平均分配

229

每个盒子内控件的大小，即在横向盒中等宽，或在纵向盒中等高。第二个参数表示控件之间的距离。

把构件放置到盒子中的函数是 void gtk_box_pack_start(GtkBox *box, GtkWidget *child, gboolean expand, gboolean fill, guint padding)，它把部件对象按照从上到下或从左到右的顺序放进盒子；而 void gtk_box_pack_end(GtkBox *box, GtkWidget *child, gboolean expand, gboolean fill, guint padding)则按照相反的顺序放置。两个函数的参数和参数的意义则完全相同。第一个参数是盒子，第二个参数是部件本身，第三个参数 expand 在盒子的创建函数 gtk_hbox_new（）中第一个参数为 FALSE 是才有意义，它表示构件在盒中是充满所有多余空间，这样盒会扩展到充满所有分配给它的空间（TURE）；还是盒收缩到仅仅符合构件的大小（FALSE）。第四个参数在 expand 为 TRUE 时用来控制多余空间是分配给对象本身（TRUE），还是让多余空间围绕在这些对象周围分布（FALSE）。

下面的代码产生 5 个按钮控件，放置在一个横向盒子中。

程序 16-3：用盒子使按钮排列的程序

```
#include <gtk/gtk.h>
#include <string.h>
int    main(int argc, char* argv[])
{
    int i;
    char cap[100];
    GtkWidget *window, *button,*hbox;
    gtk_init(&argc, &argv);
    window = gtk_window_new(GTK_WINDOW_TOPLEVEL);
    g_signal_connect(G_OBJECT(window),"delete_event",
            G_CALLBACK(gtk_main_quit),NULL);
    gtk_window_set_title(GTK_WINDOW(window),"Hello World!");
    gtk_container_set_border_width(GTK_CONTAINER(window),10);
    hbox=gtk_hbox_new(FALSE,0);
    for(i=0;i<5;i++)
    {
        sprintf(cap,"button %d",i);
        button=gtk_button_new_with_label(cap);
        gtk_box_pack_start(GTK_BOX(hbox), button, FALSE, FALSE, 0);
    }
    gtk_container_add(GTK_CONTAINER(window),hbox);
    gtk_widget_show_all(window);
    gtk_main();
    return FALSE;
}
```

在循环中，连续产生 5 个按钮，其标签为"button 0"到"button 4"，最后的效果如图
16-3。

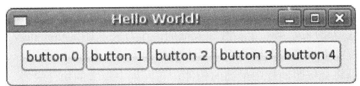

图 16-3 gtk 按钮程序的布局

需要注意的是，盒子本身也可以作为部件加入到其他盒子中。比如，典型的一种
情况是，窗口中的有些行有若干个对象，加入到一个横向盒子中，这些横向盒子和其
他对象加入到纵向盒子，形成要求的布局。下面是一段例子代码：

```
...
vbox=gtk_vbox_new(FALSE,0);
label=gtk_label_new("下面是按钮实例");
gtk_box_pack_start(GTK_BOX(vbox), label, FALSE, FALSE, 0);
hbox=gtk_hbox_new(FALSE,0);
for(i=0;i<5;i++)
{
    sprintf(cap,"button %d",i);
    button=gtk_button_new_with_label(cap);
    gtk_box_pack_start(GTK_BOX(hbox), button, FALSE, FALSE, 0);
}
gtk_box_pack_start(GTK_BOX(vbox), hbox, FALSE, FALSE, 0);
label=gtk_label_new("按钮实例结束");
gtk_box_pack_start(GTK_BOX(vbox), label, FALSE, FALSE, 0);
separator=gtk_hseparator_new();
gtk_box_pack_start(GTK_BOX(vbox), separator, FALSE, FALSE, 0);
label=gtk_label_new("上面是一个分隔线");
gtk_box_pack_start(GTK_BOX(vbox), label, FALSE, FALSE, 0);
gtk_container_add(GTK_CONTAINER(window),vbox);
...
```

图 16-4 Gtk 多个部件布局示意图

其效果如图 16-4。在上例中，gtk_hseparator_new()函数用来产生一条水平分隔线，

把不同的功能区域分隔开来。

　　使用表也是一种常用的布局方法，有时更加方便。表的创建函数是 GtkWidget *gtk_table_new(guint rows, guint columns, gboolean homogeneous)，它创建一个 rows 行 columns 列的表，第三个参数和表框的大小有关，如果 homogeneous 是 TRUE，所有表格框的大小都将调整为表中最大构件的大小。如果 homogeneous 为 FALSE，每个表格框将会按照同行中最高的构件，与同列中最宽的构件来决定自身的大小。表的序号从左上开始，并且从数字 0 算起。

　　把部件添加到表中，用如下函数：

　　void gtk_table_attach(GtkTable　　　　　*table,

　　　　　　　　　　　　　GtkWidget　　　　　*child,

　　　　　　　　　　　　　guint　　　　　　　left_attach,

　　　　　　　　　　　　　guint　　　　　　　right_attach,

　　　　　　　　　　　　　guint　　　　　　　top_attach,

　　　　　　　　　　　　　guint　　　　　　　bottom_attach,

　　　　　　　　　　　　　GtkAttachOptions xoptions,

　　　　　　　　　　　　　GtkAttachOptions yoptions,

　　　　　　　　　　　　　guint　　　　　　　xpadding,

　　　　　　　　　　　　　guint　　　　　　　ypadding);

　　其中，table 就是表本身，child 是添加的控件，接下来的四个参数是表示控件占据的表中的位置，分别是左、上、右、下的位置，因为一个对象可以占据表中的多行和多列。后面的四个参数和表格框的占用方式有关，这里不再详述。实际上，我们经常使用上面函数的简化版本：

　　void gtk_table_attach_defaults(GtkTable　　*table,

　　　　　　　　　　　　　　　GtkWidget *widget,

　　　　　　　　　　　　　　　guint　　　left_attach,

　　　　　　　　　　　　　　　guint　　　right_attach,

　　　　　　　　　　　　　　　guint　　　top_attach,

　　　　　　　　　　　　　　　guint　　　bottom_attach);

　　下面的函数用来给表的行或列加入空间：

　　void gtk_table_set_row_spacing(GtkTable *table,

　　　　　　　　　　　　　　　guint　　　row,

　　　　　　　　　　　　　　　guint　　　spacing);

　　和

　　void gtk_table_set_col_spacing (GtkTable *table,

　　　　　　　　　　　　　　　guint　　　column,

　　　　　　　　　　　　　　　guint　　　spacing);

　　上面的两个函数，对列来说，空白插到列的右边，对行来说，空白插入行的下边。也可以使用中间对齐的版本：

　　void gtk_table_set_row_spacings(GtkTable *table,

```
                                    guint      spacing );
```
和：
```
void gtk_table_set_col_spacings( GtkTable *table,
                                    guint      spacing );
```
下面给出一个简单的例子。

程序 16-4：包含 9 个按钮的 gtk 程序
```
#include <gtk/gtk.h>
#include <string.h>
int    main(int argc, char* argv[])
{
    int i;
    char cap[100];
    GtkWidget *window, *button,*label,*table;
    gtk_init(&argc, &argv);
    window = gtk_window_new(GTK_WINDOW_TOPLEVEL);
    g_signal_connect(G_OBJECT(window),"delete_event",
            G_CALLBACK(gtk_main_quit),NULL);
    gtk_window_set_title(GTK_WINDOW(window),"Hello World!");
    gtk_container_set_border_width(GTK_CONTAINER(window),10);
    table=gtk_table_new(4,3,FALSE);
    for(i=0;i<9;i++)
    {
        sprintf(cap,"button %d",i);
        button=gtk_button_new_with_label(cap);
        gtk_table_attach_defaults(GTK_TABLE(table),button,i%3,
                    i%3+1,i/3,i/3+1);
    }
    label=gtk_label_new("这是一个文本标签，是占用三行的例子");
    gtk_table_attach_defaults(GTK_TABLE(table),label,0,3,3,4);
    gtk_container_add(GTK_CONTAINER(window),table);
    gtk_widget_show_all(window);
    gtk_main();
    return FALSE;
}
```
该程序产生了9个按钮和一个标签,标签占用了一整行,共三列的空间,如图16-5。

图 16-5 gtk 程序占用三行的例子

14.2.5 常用的窗口部件

gtk 的窗口部件都是由形式上类似的一组函数控制的。一般总是由 gtk_*_new()函数创建构件，其中的*表示构件的名字。表 16-1 是最常有的窗口部件：

表 16-1 gtk 常用窗口部件

名称	作用
GtkAlignment	控制子部件对齐和尺寸
GtkArrow	箭头部件，显示一个箭头图案
GtkBin	只包含一个子部件的容器
GtkBox	Box 容器类的基类
GtkButton	简单的按钮部件
GtkCheckButton	单选按钮部件
GtkFixed	把部件固定在确定坐标的部件
GtkImage	图像部件
GtkLabel	文本标签部件
GtkMenuItem	菜单项部件
GtkNotebook	记事本部件
GtkPaned	水平和垂直窗口的基类
GtkRadioButton	遥控按钮部件
GtkRange	显示可调数值的部件
GtkScrolledWindow	可以滚动的窗口部件
GtkSeparator	分隔用的部件
GtkTable	表格部件
GtkToolbar	工具栏部件
GtkAspectFrame	可缩放的框架部件
GtkFrame	框架部件，可以放置窗口
GtkVBox	垂直分布盒子部件

GtkHBox	水平分布盒子部件
GtkVSeparator	垂直分隔部件
GtkHSeparator	水平分隔部件

详细的用法参考相关文献。

14.3 使用 glade 进行界面设计

14.3.1 glade 简介

glade 是一个 gtk 的图形界面设计器，它通过可视的方式，设计应用程序界面，并保存为一个 XML 文件，后缀为 glade。在较早的版本中（glade1 和 glade2），glade 能够同时生成相对应的 c、c++、Java 等代码，你只需要在相关的回调函数部分加入自己的代码就可以了。glade3 进行了重新设计，它取消了生成代码的功能，而是要求用户使用 glade 程序库从.glade 文件中装入设计的窗口控件。这种方法同样也适用于以前的版本，应该是 balde 设计的初衷。由于以前的版本生产代码的功能太强大了，才掩盖了这种设计的优点。

使用 glade 库的明显优点是允许用户在程序完成后改变界面，而不需要重新编译程序。通过 glade 库使用事先生成的界面并不降低程序的效率，因为这些界面的装入只执行一次，该过程虽然较慢，但不会重复影响效率。

下面我们通过一些简单的例子来学习 glade 的使用。

14.3.2 简单的实例

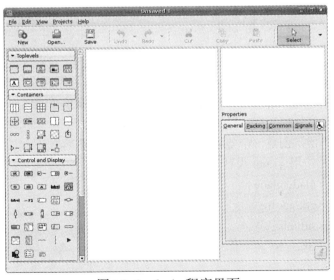

图 16-6 glade 程序界面

235

任务是开发这样一个简单的程序：在一个窗口中包含三个按钮，分别是"加 2"、"加 3"和"加 5"，还有一个文本框，显示每一个按钮加完之后的结果。

首先打开 glade 程序，得到界面如图 16-6：

首先选择左边工具栏中的 toplevels 下的 windows，在设计窗口中得到一个窗口控件。在右面的属性栏中设置标题等属性，并设置其大小为 180×400，选择右面的 signals 页面，把 delete-event 信号的 handlers 设置为 gtk-main-quit（下拉菜单中有），保证该窗口结束时同时结束程序的执行，否则程序的退出则必须由终端发送信号。

接下来，往窗口中添加容器（contaners）Fixed，该容器可以让其中的控件固定而不要自动调整。接着，往 Fixed 容器中添加 3 个按钮控件，分别将名称（name，在相对应的代码中使用）改为 bn_add2、bn_add3 和 bn_add5，Label（标签，是一个字符串，在界面中显示）分别改为 2、3 和 5。编辑每个按钮控件关联的信号，方法是选择 signals 页面，选择 click 事件，把 handler 设置为 bn_bn_addx_clicked，该名称是将来需要添加代码的回调函数名称。添加 Label 控件，名称为 lb_result，最终的设计如图 16-7 所示。

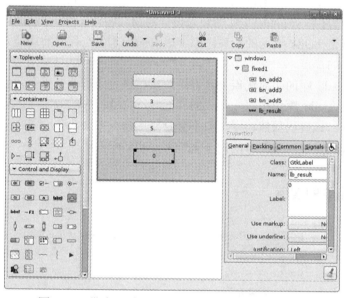

图 16-7 带有三个按钮和显示框的界面设计图

选择 File－Save，保存文件为 adder.glade，这是我们就有了一个简单的界面。但是，该界面没有任何功能，除非我们添加对应的代码。

打开编辑器，创建一个 c 程序，命名为 adder.c，内容如下：

程序 16-5：用 glade 设计界面的加法程序

```
#include <glade/glade.h>
#include <gtk/gtk.h>
#include <stdio.h>
#include <string.h>

GladeXML *gxml;
```

```
int res=0;

int main(int argc,char **argv)
{
GtkWidget *window;
gtk_init(&argc,&argv);
gxml=glade_xml_new("adder.glade",NULL,NULL);
glade_xml_signal_autoconnect(gxml);
window=glade_xml_get_widget(gxml,"window1");
gtk_widget_show(window);
gtk_main();
return 0;
}
void
on_bn_add2_clicked(GtkWidget * obj)
{
    char buf[100];
    GtkWidget *lb_res;
    res+=2;
    sprintf(buf,"%d",res);
    lb_res=glade_xml_get_widget(gxml,"lb_result");
    gtk_label_set_text(GTK_LABEL(lb_res),buf);
}

void
on_bn_add3_clicked(GtkWidget * obj)
{
    char buf[100];
    GtkWidget *lb_res;
    res+=3;
    sprintf(buf,"%d",res);
    lb_res=glade_xml_get_widget(gxml,"lb_result");
    gtk_label_set_text(GTK_LABEL(lb_res),buf);
}

void
on_bn_add5_clicked(GtkWidget * obj)
{
    char buf[100];
```

```
        GtkWidget *lb_res;
        res+=5;
        sprintf(buf,"%d",res);
        lb_res=glade_xml_get_widget(gxml,"lb_result");
        gtk_label_set_text(GTK_LABEL(lb_res),buf);
    }
```

其中 glade.h 和 gtk.h 是必须包含的头文件。GladeXML *gxml 变量是一个全局变量，res 也是一个全局变量，用于存放加之后的结果。程序中出了包含必须的 main 函数外，还包含 on_bn_add2_clicked（）、on_bn_add3_clicked 和 on_bn_add5_clicked 三个函数，作为按钮事件的回调函数。

在 main 函数中，首先调用 gtk_init(&argc,&argv) 进行初始化，然后调用 gxml=glade_xml_new("adder.glade",NULL,NULL)得到界面设计，并把结果存放在全局变量 gxml 中。注意，其第一个参数就是界面设计的文件名称。函数 glade_xml_signal_autoconnect(gxml)的作用是把界面设计中指定的回调函数和程序代码中的相应函数自动联接，这是一种方便的选择。接下来调用 glade_xml_get_widget(gxml,"window1")函数，得到 glade 控件的指针，这里得到的是 windows1，其他函数也可以通过全局变量 xgml 进行类似的调用。该函数从 gxml 中由名称获取相应控件，因此在界面设计中所有控件不能重名。得到窗口控件后调用 gtk_widget_show(window)让它显示，然后和普通 gtk 程序一样，调用 gtk_main()进入主循环。

三个按钮回调函数更简单，它们只是在 res 变量中加上相应的数值后，通过 glade_xml_get_widget(gxml,"lb_result") 函数得到控件 lb_result 后，通过函数 gtk_label_set_text(GTK_LABEL(lb_res),buf)把表示结果的字符串显示出来。其中宏 GTK_LABEL(lb_res)把 lb_res 转换转换成 gtk_label 类型。

上面代码编好后，用下面命令编译：

 gcc `pkg-config --libs --cflags libglade-2.0` -o adder adder.c -export-dynamic

得到一个 adder 可执行程序。运行该程序，就得到需要的功能，至此，我们完成了一个简单的窗口程序。

14.3.3 进一步改进

为此，我们再添加一个按钮 bn_addany，添加一个文本输入框（text entry）en_anynumber，把 bn_addany 的 clicked 事件回调函数设置为 on_bn_addany_clicked，添加函数如下：

```
    void
    on_bn_addany_clicked(GtkWidget * obj)
    {
        char buf[100];
```

```
    GtkWidget *lb_res,*en_any;
    en_any=glade_xml_get_widget(gxml,"en_anynumber");
    res+=atoi(gtk_entry_get_text(GTK_ENTRY(en_any)));
    sprintf(buf,"%d",res);
    lb_res=glade_xml_get_widget(gxml,"lb_result");
    gtk_label_set_text(GTK_LABEL(lb_res),buf);
}
```

图 16-8 用 glade 设计的 4 个按钮的程序运行结果

这里通过 glade_xml_get_widget(gxml,"en_anynumber")函数得到文本框的指针，通过 gtk_entry_get_text(GTK_ENTRY(en_any))函数得到文本框的内容，把文本框中的内容转化为整数后实现相加。

用前面的命令编译后，得到程序的运行结果如图 16-8。

在这个程序中，我们发现所有按钮的程序都是雷同的，整个程序显得非常繁复。其实每个按钮作用都是类似的，都是加上某一个数再显示，只是所加的数不同。因此，我们可以把所有按钮事件都用一个回调函数，在回调函数中区分是那个按钮引起的，然后加上不同的数值。怎么知道是哪个按钮按下引起的回调函数调用呢？这就需要用到回调函数传递的参数 GtkWidget * obj，它是一个指向引起回调函数调用的部件的指针，我们可以通过这个指针得到部件的属性，使得为多个控件服务的回调函数可以用来区分是哪个控件引起的。

首先，我们打开原来的 adder.glade，把四个按钮的事件回调函数都设置成 on_bn_add_clicked，然后选择 File-Save as 另存为 adder1.glade 文件。打开上面的 c 语言源程序 adder.c，把三个回调函数去掉，增加如下回调函数，同时把界面文件改为 adder1.glade，另存为 adder1.c，编译后，得到可执行程序。

```
void
on_bn_add_clicked(GtkWidget * obj)
{
    char buf[100],*bnlabel;
    GtkWidget *lb_res,*en_any;
```

```
        bnlabel=(char *)gtk_button_get_label(GTK_BUTTON(obj));
        if(bnlabel[0]=='2')
                res+=2;
        else if(bnlabel[0]=='3')
                res+=3;
        else if(bnlabel[0]=='5')
                res+=5;
        else
        {
                en_any=glade_xml_get_widget(gxml,"en_anynumber");
                res+=atoi(gtk_entry_get_text(GTK_ENTRY(en_any)));
        }
        sprintf(buf,"%d",res);
        lb_res=glade_xml_get_widget(gxml,"lb_result");
        gtk_label_set_text(GTK_LABEL(lb_res),buf);
}
```

可以验证，该程序功能符合预定要求。

14.3.4 简单的计算器

我们再举一例，设计一个简单的计算器。该计算器可以实现简单的诸如 a+b=?之类的简单四则运算，它应该包含 0—9 和小数点十一个数字输入按键，"＋"、"—"、"＊"、" / "和"="五个运算符按键和一个临时清除显示按键"CE"，还应该包含一个显示结果用的 label，命名为 lb_disp。

为了程序的简洁和方便，我们设置十一个数字输入按键的 clicked 事件回调函数都是 on_bn_num_clicked，在回调函数中判断按下的哪个键。所有运算符按键回调函数都设置成 on_bn_op_clicked，而清除按键的回调函数设置成 on_bn_op_clicked。在数字输入按键的回调函数中，每一个按键就简单地在显示中增加按键的字符。在清除按键回调函数中，也简单地把显示清为 0。计算放在运算符按键回调函数中，为了程序方便，我们设置了全局变量 op1、op2 来存储第一操作数和第二操作数，全局变量 op 存放运算符。因为主函数和上面的完全相似，下面给出三个回调函数的完整代码如下：

程序 16-6：简单的计算器程序

```
        GladeXML *gxml;
    double op1,op2;
    char op=0;
```

```c
void
on_bn_num_clicked(GtkWidget * obj)
{
    char buf[100],*bnlabel,*disp;
    GtkWidget *lb_disp;
    bnlabel=(char *)gtk_button_get_label(GTK_BUTTON(obj));
    lb_disp=glade_xml_get_widget(gxml,"lb_disp");
    disp=(char *)gtk_label_get_text(GTK_LABEL(lb_disp));
    if(disp[0]=='0')
    {
        gtk_label_set_text(GTK_LABEL(lb_disp),bnlabel);
    }
    else
    {
        sprintf(buf,"%s%s",disp,bnlabel);
        gtk_label_set_text(GTK_LABEL(lb_disp),buf);
    }
}

void
on_bn_op_clicked(GtkWidget * obj)
{
    char buf[100],*bnlabel;
    GtkWidget *lb_disp;
    bnlabel=(char *)gtk_button_get_label(GTK_BUTTON(obj));
    lb_disp=glade_xml_get_widget(gxml,"lb_disp");
    if(bnlabel[0]=='+'||bnlabel[0]=='-'||bnlabel[0]=='*'||bnlabel[0]=='/')
    {
        op=bnlabel[0];
        op1=atof((char *)gtk_label_get_text(GTK_LABEL(lb_disp)));
        gtk_label_set_text(GTK_LABEL(lb_disp),"0");
    }
    else
    {
        op2=atof((char *)gtk_label_get_text(GTK_LABEL(lb_disp)));
        if(op=='+')
            op1+=op2;
        else if(op=='-')
            op1-=op2;
```

```
        else if(op=='*')
            op1*=op2;
        else if(op=='/')
            op1/=op2;
        sprintf(buf,"%f",op1);
        gtk_label_set_text(GTK_LABEL(lb_disp),buf);
    }
}

void
on_bn_clear_clicked(GtkWidget * obj)
{
    GtkWidget *lb_disp;
    lb_disp=glade_xml_get_widget(gxml,"lb_disp");
    gtk_label_set_text(GTK_LABEL(lb_disp),"0");
}
```

该程序逻辑过度简单，不能作为完整功能的计算器程序发布，但是它给出了一个完整的应用程序例子，对于开发计算器程序是一个好的工作基础。

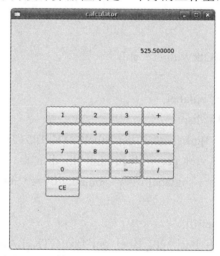

图 16-9 简单的计算器程序运行结果

思考和练习

1. gnome、gtk 和 X window 系统有什么关系？
2. 写一个 make 文件，用来自动编译通过使用 gtk 库开发的图形界面程序项目。
3. 比较通过 glade 界面设计工具和库进行图形界面开发和直接通过使用gtk库进行开发何者更方便，各自有何特点。
4. 进一步完成给出的计算机实例。

附录 A　GNU 通用公共许可证(GPL)中文版

本文是自由软件基金会 GNU 通用公共许可证原始文档的副本。 Linux 操作系统以及与它有关的大量软件是在 GPL 的推动下开发和发布的。 你将看到:如果你打算为了发布的目的修改，更新或改进任何受通用公共许可证约束的软件，你所修改的软件同样必须受到 GNU 通用许可证条款的约束。 中文翻译引自 http://bergwolf.googlepages.com/gplv3_zh，文字稍有改动，版权归原译者。

GNU 通用公共许可证

1991 年 6 月，第二版

版权所有(C)1989，1991 Free Software Foundation, Inc.

675 Mass Ave， Cambridge,MAO2139， USA

允许每个人复制和发布这一许可证原始文档的副本,但绝对不允许对它进行任何修改。

序言

大多数软件许可证决意剥夺你的共享和修改软件的自由。对比之下，GNU 通用公共许可证力图保证你的共享和修改自由软件的自由——保证自由软件对所有用户是自由的。GPL 适用于大多数自由软件基金会的软件，以及由使用这些软件而承担义务的作者所开发的软件(自由软件基金会的其他一些软件受 GNU 库通用许可证的保护)。你也可以将它用到你的程序中。

当我们谈到自由软件(free software)时，我们指的是自由而不是价格。我们的 GNU 通用公共许可证决意保证你有发布自由软件的自由(如果你愿意，你可以对此项服务收取一定的费用)；保证你能收到源程序或者在你需要时能得到它；保证你能修改软件或将它的一部分用于新的自由软件；而且还保证你知道你能做这些事情。

为了保护你的权利，我们需要作出规定：禁止任何人不承认你的权利，或者要求你放弃这些权利。如果你修改了自由软件或者发布了软件的副本，这些规定就转化为你的责任。例如，如果你发布这样一个程序的副本，不管是收费的还是免费的，你必须将你具有的一切权利给予你的接受者；你必须保证他们能收到或得到源程序；并且将这些条款给他们看，使他们知道他们有这样的权利。

我们采取两项措施来保护你的权利：

(1) 给软件以版权保护。

(2) 给你提供许可证。它给你复制、发布和修改这些软件的法律许可。同样，为了保护每个作者和我们自己，我们需要清楚地让每个人明白，自由软件没有担保(no warranty)。如果由于其他某个人修改了软件，并继续加以传播。我们需要它的接受者明白：他们所得到的并不是原来的自由软件。由其他人引入的任何问题，不应损害原作者的声誉。最后，任何自由软件不断受到软件专利的威胁。我们希望避免这样的风险，自由软件的再发布者以个人名义获得专利许可证。事实上，将软件变为私有。为防止这一点，我们必须明确：任何专利必须以允许每个人自由使用为前提，否则就不准许有专利。

有关复制、发布和修改的条款和条件

0. 此许可证适用于任何包含版权所有者声明的程序和其他作品，版权所有者在声明中明确说明程序和作品可以在 GPI 条款的约束下发布。下面提到的"程序"指的是任何这样的程序或作品。而"基于程序的作品"指的是程序或者任何受版权法约束的衍生作品。也就是说包含程序或程序的一部分的作品。可以是原封不动的，或经过修改的和／或翻译成其他语言的(程序)。在下文中，翻译包含在修改的条款中，每个许可证接受人(lisense)用"你"来称呼。许可证条款不适用于复制、发布和修改以外的活动。这些活动超出这些条款的范围。运行程序的活动不受条款的限制。仅当程序的输出构成基于程序作品的内容时，这一条款才适用(如果只运行程序就无关)。是否普遍适用取决于程序具体用来做什么。

1. 只要你在每一副本上明显和恰当地出示版权声明和不承担担保的声明，保持此许可证的声明和没有担保的声明完整无损，并和程序一起给每个其他的程序接受者一份许可证的副本，你就可以用任何媒体复制和发布你收到的原始的程序的源代码。你可以为转让副本的实际行动收取一定费用。你也有权选择提供担保以换取一定费用。

2. 你可以修改程序的一个或几个副本或程序的任何部分，以此形成基于程序的作品。只要你同时满足下面的所有条件，你就可以按前面第一款的要求复制和发布这一经过修改的程序或作品。

a)你必须在修改的文件中附有明确的说明：你修改了这一文件及具体的修改日期。

b)你必须使你发布或出版的作品(它包含程序的全部或一部分，或包含由程序的全部或部分衍生的作品)允许第三方作为整体按许可证条款免费使用。

c)如果修改的程序在运行时以交互方式读取命令，你必须使它在开始进入常规的交互使用方式时打印或显示声明：包括适当的版权声明和没有担保的声明(或者你提供担保的声明)；用户可以按此许可证条款重新发布程序的说明；并告诉用户如何看到这一许可证的副本。(例外的情况：如果原始程序以交互方式工作，它并不打印这样的声明，你的基于程序的作品也就不用打印声明。)

这些要求适用于修改了的作品的整体。如果能够确定作品的一部分并非程序的衍生产品，可以合理地认为这部分是独立的，是不同的作品。当你将它作为独立作品发布时，它不受此许可证和它的条款的约束。但是当你将这部分作为基于程序的作品的一部分发布时，作为整体它将受到许可证条款约束。准予其他许可证持有人的使用范围扩大到整个产品。也就是每个部分，不管它是谁写的。因此，本条款的意图不在于索取权利或剥夺全部由你写成的作品的权利，而是履行权利来控制基于程序的集体作品或衍生作品的发布。

此外，将与程序无关的作品和该程序或基于程序的作品一起放在存贮体或发布媒体的同一卷上，并不导致将其他作品置于此许可证的约束范围之内。

3. 你可以以目标码或可执行形式复制或发布程序(或符合第 2 款的基于程序的作品)，只要你遵守前面的第 1、2 款，并同时满足下列 3 条中的 1 条。

a)在通常用作软件交换的媒体上，和目标码一起附有机器可读的完整的源码。这

些源码的发布应符合上面第1、2款的要求。或者

b)在通常用作软件交换的媒体上，和目标码一起，附有给第三方提供相应的机器可读的源码的书面报价。有效期不少于3年，费用不超过实际完成源程序发布的实际成本。源码的发布应符合上面的第1、2款的要求。或者

c)和目标码一起，附有你收到的发布源码的报价信息。(这一条款只适用于非商业性发布，而且你只收到程序的目标码或可执行代码和按 b)款要求提供的报价)。

作品的源码指的是对作品进行修改最优先择取的形式。对可执行的作品讲，完整的源码包括：所有模块的所有源程序，加上有关的接口的定义，加上控制可执行作品的安装和编译的 script。作为特殊例外，发布的源码不必包含任何常规发布的供可执行代码在上面运行的操作系统的主要组成部分(如编译程序、内核等)。除非这些组成部分和可执行作品结合在一起。

如果采用提供对指定地点的访问和复制的方式发布可执行码或目标码，那么，提供对同一地点的访问和复制源码可以算作源码的发布，即使第三方不强求与目标码一起复制源码。

4. 除非你明确按许可证提出的要求去做，否则你不能复制、修改或转发许可证和发布程序。任何试图用其他方式复制、修改或转发许可证和发布程序都是无效的。而且将自动结束许可证赋予你的权利。然而，对那些从你那里按许可证条款得到副本和权利的人们，只要他们继续全面履行条款，许可证赋予他们的权利仍然有效。

5. 你没有在许可证上签字，因而你没有必要一定接受这一许可证。然而，没有任何其他东西赋予你修改和发布程序及其衍生作品的权利。如果你不接受许可证，这些行为是法律禁止的。因此，如果你修改或发布程序(或任何基于程序的作品)，这就表明你接受这一许可证以及它的所有有关复制、发布和修改程序或基于程序的作品的条款和条件。

6. 每当你重新发布程序(或任何基于程序的作品)时，接受者自动从原始许可证颁发者那里接到受这些条款和条件支配的复制，发布或修改程序的许可证。你不可以对接受者履行这里赋予他们的权利强加其他限制。你也没有强求第三方履行许可证条款的义务。

7. 如果由于法院判决或违反专利的指控或任何其他原因(不限于专利问题)的结果，强加于你的条件(不管是法院判决、协议或其他)和许可证的条件有冲突。他们也不能用许可证条款为你开脱。在你不能同时满足本许可证规定的义务及其他相关的义务时，作为结果，你可以根本不发布程序。例如，如果某一专利许可证不允许所有那些直接或间接从你那里接受副本的人们在不付专利费的情况下重新发布程序，唯一能同时满足两方面要求的办法是停止发布程序。

如果本条款的任何部分在特定的环境下无效或无法实施，就使用条款的其余部分。并将条款作为整体用于其他环境。

本条款的目的不在于引诱你侵犯专利或其他财产权的要求，或争论这种要求的有效性。本条款的主要目的在于保护自由软件发布系统的完整性。它是通过通用公共许可证的应用来实现的。许多人坚持应用这一系统，已经为通过这一系统发布大量自由

软件作出慷慨的贡献。作者／捐献者有权决定他／她是否通过任何其他系统发布软件。许可证持有人不能强制这种选择。

本节的目的在于明确说明许可证其余部分可能产生的结果。

8．如果由于专利或者由于有版权的接口问题使程序在某些国家的发布和使用受到限止，将此程序置于许可证约束下的原始版权拥有者可以增加限制发布地区的条款，将这些国家明确排除在外。并在这些国家以外的地区发布程序。在这种情况下，许可证包含的限制条款和许可证正文一样有效。

9．自由软件基金会可能随时出版通用公共许可证的修改版或新版。新版和当前的版本在原则上保持一致，但在提到新问题或有关事项时，在细节上可能出现差别。每一版本都有不同的版本号。如果程序指定适用于它的许可证版本号以及"任何更新的版本"，你有权选择遵循指定的版本或自由软件基金会以后出版的新版本。如果程序未指定许可证版本，你可选择自由软件基金会已经出版的任何版本。

10．如果你愿意将程序的一部分结合到其他自由程序中，而它们的发布条件不同。写信给作者，要求准予使用。如果是自由软件基金会加以版权保护的软件，写信给自由软件基金会。我们有时会作为例外的情况处理。我们的决定受两个主要目标的指导。这两个主要目标是：我们的自由软件的衍生作品继续保持自由状态。以及从整体上促进软件的共享和重复利用。

没有担保

11．由于程序准予免费使用，在适用法准许的范围内，对程序没有担保。除非另有书面说明，版权所有者和／或其他提供程序的人们一样不提供任何类型的担保。不论是明确的，还是隐含的。包括但不限于隐含的适销和适合特定用途的保证。全部的风险，如程序的质量和性能问题都由你来承担。如果程序出现缺陷，你承担所有必要的服务、修复和改正的费用。

12．除非适用法或书面协议的要求，在任何情况下，任何版权所有者或任何按许可证条款修改和发布程序的人们都不对你的损失负有任何责任。包括由于使用或不能使用程序引起的任何一般的、特殊的、偶然发生的或重大的损失(包括但不限于数据的损失，或者数据变得不精确，或者你或第三方的持续的损失，或者程序不能和其他程序协调运行等)。即使版权所有者和其他人提到这种损失的可能性，也不例外。

条款和条件结束

下面说明如何将这些条款用到你的新程序。如果你开发了新程序，而且你需要它得到公众最大限度的利用。

要做到这一点的最好办法是将它变为自由软件。使得每个人都能在遵守条款的基础上对它进行修改和重新发布。为了做到这一点，给程序附上下列声明。最安全的方式是将它放在每个源程序的开头，以便最有效地传递拒绝担保的信息。每个文件至少应有"版权所有"行以及在什么地方能看到声明全文的说明。

＜用一行空间给出程序的名称和它用来做什么的简单说明＞

版权所有(C)19xx(＜作者姓名＞

这一程序是自由软件，你可以遵照自由软件基金会出版的 GNU 通用公共许可证条款来修改和重新发布这一程序。或者用许可证的第二版，或者(根据你的选择)用任何更新的版本。发布这一程序的目的是希望它有用，但没有任何担保，甚至没有适合特定目的的隐含的担保。更详细的情况请参阅 GNU 通用公共许可证。

你应该已经和程序一起收到一份 GNU 通用公共许可证的副本。

如果还没有，写信给：

The Free Software Foundation，Inc，，675 Mass Ave， Cambridge，

MAO2139，USA 还应加上如何和你保持联系的信息。

如果程序以交互方式进行工作，当它开始进人交互方式工作时，使它输出类似下面的简短声明 ll Gnomovision 第 69 版，版权所有(C)19XX，作者姓名，

Gnomovision 绝对没有担保。要知道详细情况，请输人 'show w'。

这是自由软件，欢迎你遵守一定的条件重新发布它，要知道详细情况，请输人'Show c'。

假设的命令' shovr w'和' show c'应显示通用公共许可证的相应条款。当然，你使用的命令名称可以不同于'show w'和'show c'。根据你的程序的具体情况，也可以用菜单或鼠标选项来显示这些条款。

如果需要，你应该取得你的上司(如果你是程序员)或你的学校签署放弃程序版权的声明。下面只是一个例子，你应该改变相应的名称：

Ynyodyne 公司以此方式放弃 James Harker
所写的 Gnomovision 程序的全部版权利益。
＜ Ty coon 签名＞，1989．4．1
Ty coon 副总裁

这一许可证不允许你将程序并入专用程序。如果你的程序是一个子程序库，你可能会认为用库的方式和专用应用程序连接更有用。如果这是你想做的事，使用 GNU 库通用公共许可证代替本许可证。

附录 B　GNU 通用公共授权（第三版）

第三版　2007 年 6 月 29 日

导言

　　GNU 通用公共授权是一份针对软件和其他种类作品的自由的、公共的授权文件。

　　大多数软件授权申明被设计为剥夺您共享和修改软件的自由。相反的，GNU 通用公共授权力图保护您分享和修改自由软件的自由——以确保软件对所有使用者都是自由的。我们，自由软件基金会，对我们的大多数软件使用 GNU 通用公共授权；本授权同样适用于任何其作者以这种方式发布的软件。您也可以让您的软件使用本授权。

　　当我们谈论自由软件时，我们指的是行为的自由，而非价格免费。GNU 通用公共授权被设计为确保您拥有发布自由软件副本(以及为此收费，如果您希望的话)的自由，确保您能收到源代码或者在您需要时能获取源代码，确保您能修改软件或者将它的一部分用于新的自由软件，并且确保您知道您能做这些事情。

　　为了保护您的权利，我们需要做出要求，禁止任何人否认您的这些权利或者要求您放弃这些权利。因此，如果您发布此软件的副本或者修改它，您就需要肩负起尊重他人自由的责任。

　　例如，如果您发布自由软件的副本，无论以免费还是以收费的模式，您都必须把您获得的自由同样地给予副本的接收者。您必须确保他们也能收到或者得到源代码。而且您必须向他们展示这些条款，以使他们知道自己享有这样的权利。

　　使用 GNU 通用公共授权的开发者通过两项措施来保护您的权利：（1）声明软件的版权；（2）向您提供本授权文件以给您复制、发布并且/或者修改软件的法律许可。

　　为了保护软件开发者和作者,通用公共授权明确阐释自由软件没有任何担保责任。如用户和软件作者所希望的，通用公共授权要求软件被修改过的版本必须明确标示，从而避免它们的问题被错误地归咎于先前的版本。

　　某些设备被设计成拒绝用户安装或运行其内部软件的修改版本，尽管制造商可以安装和运行它们。这从根本上违背了通用公共授权保护用户能修改软件的自由的宗旨。此类滥用本授权的系统模式出现在了最让人无法接受的个人用户产品领域。因此，我们设计了这个版本的通用公共授权来禁止那些产品的侵权行为。如果此类问题在其他领域大量出现，我们准备好了在将来的通用公共授权版本里扩展这项规定，以保护用户的自由。

　　最后，每个程序都经常受到软件专利的威胁。政府不应该允许专利权限制通用计算机软件的发展和使用，但是在政府确实允许这种事情的地区，我们希望避免应用于自由软件的专利权使该软件有效私有化的危险。为了阻止这样的事情的发生，通用公共授权确保没有人能够使用专利权使得自由软件非自由化。

以下是复制、发布和修改软件的详细条款和条件。

条款和条件

0. 定义

"本授权"指 GNU 通用公共授权第三版

"版权"一词同样指适用于其他产品如半导体防护罩等的保护版权的法律。

"本程序"指任何在本授权下发布的受版权保护的作品。被授权人称为"您"。"被授权人"和"版权接受者"可以是个人或组织。

"修改"作品是指从软件中拷贝或者做出全部或一丁点儿的修改，这不同于逐字逐句的复制，是需要版权许可的。修改成果被称为先前作品的"修改版本"或者"基于"先前作品的软件。

"覆盖程序"指未被修改过的本程序或者基于本程序的程序。

"传播"程序指使用该程序做任何如果没有许可就会在适用的版权法下直接或间接侵权的事情，不包括在电脑上执行程序或者是做出您不与人共享的修改。传播包括复制，分发（无论修改与否），向公众共享，以及在某些国家的其他行为。

"发布"作品指任何让其他组织制作或者接受副本的传播行为。仅仅通过电脑网络和一个用户交流，且没有发送程序拷贝的行为不是发布。

一个显示"适当的法律通告"的交互的用户接口应包括这样一个方便而显著的可视部件，它具有以下功能：（1）显示一个合适的版权通告；（2）告诉用户对本程序没有任何担保责任（除非有担保明确告知），受权人可以在本授权下发布本程序，以及如何阅读本授权协议的副本。如果该接口显示了一个用户命令或选项列表，比如菜单，该列表中的选项需要符合上述规范。

1. 源代码

"源代码"指修改程序常用的形式。"目标代码"指程序的任何非源代码形式。

"标准接口"有两种含义，一是由标准组织分支定义的官方标准；二是针对某种语言专门定义的众多接口中，在该类语言的开发者中广为使用的那种接口。

可执行程序的"系统库"不是指整个程序，而是指任何包含主要部件但不属于该部件的部分，并且只是为了使能该部件而开发，或者为了实现某些已有公开源代码的标准接口。"主要部件"在这里指的是执行程序的特定操作系统（如果有的话）的主要的关键部件（内核、窗口系统等），或者生成该可执行程序时使用的编译器，或者运行该程序的目标代码解释器。

目标代码中的程序"对应的源代码"指所有生成、安装（对可执行程序而言）运行该目标代码和修改该程序所需的源代码，包括控制这些行为的脚本。但是，它不包括程序需要的系统库、通用目的的工具，以及程序在完成某些功能时不经修改地使用的那些不包括在程序中的普遍可用的自由软件。例如，对应的源代码包括与程序的源文件相关的接口定义文件，以及共享库中的源代码和该程序设计需要的通过如频繁的数据交互或者这些子程序和该程序其他部分之间的控制流等方式获得的动态链接子程序。

对应的源代码不需要包含任何拥护可以从这些资源的其他部分自动再生的资源。

源代码形式的程序对应的源代码定义同上。

2．基本的许可

所有在本授权协议下授予的权利都是对本程序的版权而言，并且只要所述的条件都满足了，这些授权是不能收回的。本授权明确地确认您可以不受任何限制地运行本程序的未修改版本。运行一个本授权覆盖的程序获得的结果只有在该结果的内容构成一个覆盖程序的时候才由本授权覆盖。本授权承认您正当使用或版权法规定的其他类似行为的权利。

只要您的授权仍然有效，您可以无条件地制作、运行和传播那些您不发布的覆盖程序。只要您遵守本授权中关于发布您不具有版权的资料的条款，您可以向别人发布覆盖程序，以要求他们为您做出专门的修改或者向您提供运行这些程序的简易设备。那些为您制作或运行覆盖程序的人作为您专门的代表也必须在您的指示和控制下做到这些，请禁止他们在他们和您的关系之外制作任何您拥有版权的程序的副本。

当下述条件满足的时候，在任何其他情况下的发布都是允许的。

转授许可证授权是不允许的，第 10 节让它变得没有必要了。

3．保护用户的合法权利不受反破解法侵犯

在任何实现 1996 年通过的世界知识产权组织版权条约第 11 章中所述任务的法律，或者是禁止或限制这种破解方法的类似法律下，覆盖程序都不会被认定为有效的技术手段的一部分。

当您发布一个覆盖程序时，您将放弃任何禁止技术手段破解的法律力量，甚至在本授权关于覆盖程序的条款下执行权利也能完成破解。同时，您放弃任何限制用户操作或修改该覆盖程序以执行您禁止技术手段破解的合法权利的企图。

4．发布完整副本

你可以通过任何媒介发布本程序源代码的未被修改过的完整副本，只要您显著而适当地在每个副本上发布一个合适的版权通告；保持完整所有叙述本授权和任何按照第 7 节加入的非许可的条款；保持完整所有的免责申明；并随程序给所有的接受者一份本授权。

您可以为您的副本收取任何价格的费用或者免费，你也可以提供技术支持或者责任担保来收取费用。

5．发布修改过的源码版本

您可以在第 4 节的条款下以源码形式发布一个基于本程序的软件，或者从本程序中制作该软件需要进行的修改，只要您同时满足所有以下条件：

a）制作的软件必须包含明确的通告说明您修改了它，并给出相应的修改日期。

b）制作的软件必须包含明确的通告，陈述它在本授权下发布并指出任何按照第 7 节加入的条件。这条要求修改了第 4 节的"保持所有通知完整"的要求。

c）您必须把整个软件作为一个整体向任何获取副本的人按照本授权协议授权。本授权因此会和任何按照第 7 节加入的条款一起，对整个软件及其所有部分，无论是以什么形式打包的，起法律效力。本授权不允许以其他任何形式授权该软件，但如果您个别地收到这样的许可，本授权并不否定该许可。

d）如果您制作的软件包含交互的用户接口，每个用户接口都必须显示适当的法律通告；但是，如果本程序包含没有显示适当的法律通告的交互接口，您的软件没有必要修改它们让它们显示。

如果一个覆盖程序和其他本身不是该程序的扩展的程序的联合体，这样的联合的目的不是为了在某个存储或发布媒体上生成更大的程序，且联合体程序和相应产生的版权没有用来限制程序的使用或限制单个程序赋予的联合程序的用户的合法权利的时候，这样的联合体就被称为"聚集体"。在聚集体中包含覆盖程序并不会使本授权应用于该聚集体的其他部分。

6．发布非源码形式的副本

您可以在第4、5节条款下以目标代码形式发布程序，只要您同时以一下的一种方式在本授权条款下发布机器可读的对应的源代码：

a）在物理产品（包括一个物理的发布媒介）中或作为其一部分发布目标代码，并在通常用于软件交换的耐用的物理媒介中发布对应的源代码。

b）在物理产品（包括一个物理的发布媒介）中或作为其一部分发布目标代码，并附上有效期至少 3 年且与您为该产品模型提供配件或客户服务的时间等长的书面承诺，给予每个拥有该目标代码的人：（1）要么在通常用于软件交换的耐用物理媒介中，以不高于您执行这种源码的发布行为所花费的合理费用的价格，一份该产品中所有由本授权覆盖的软件的对应的源代码的拷贝；（2）要么通过网络服务器免费提供这些对应源代码的访问。

c）单独地发布目标代码的副本，并附上一份提供对应源代码的书面承诺。这种行为只允许偶尔发生并不能盈利，且在您收到的目标代码附有第 6 节 b 规定的承诺的时候。

d）在指定的地点（免费或收费地）提供发布的目标代码的访问并在同样的地点以不增加价格的方式提供对应源代码的同样的访问权。您不需要要求接收者在复制目标代码的时候一道复制对应的源代码。如果复制目标代码的地点是网络服务器，对应的源代码可以在另外一个支持相同复制功能的服务器上（由您或者第三方运作），只要您在目标代码旁边明确指出在哪里可以找到对应的源代码。无论什么样的服务器提供这些对应的源代码，您都有义务保证它在任何有需求的时候都可用，从而满足本条规定。

e）用点对点传输发布目标代码，您需要告知其他的节点目标代码和对应的源代码在哪里按照第 6 节 d 的条款向大众免费提供。

目标代码中可分离的部分，其源代码作为系统库不包含在对应的源代码中，不需要包含在发布目标代码的行为中。

"用户产品"指：（1）"消费品"，即通常用于个人的、家庭的或日常目的的有形个人财产；或者（2）任何为公司设计或销售却卖给了个人的东西。在判断一个产品是否消费品时，有疑点的案例将以有利于覆盖面的结果加以判断。对特定用户接收到的特定产品，"正常使用"指该类产品的典型的或通常的使用，无论该用户的特殊情况，或者该用户实际使用该产品的情况，或者该产品要求的使用方式如何。一个产品是否是消费品与该产品是否具有实质的经济上的、工业的或非消费品的用处无关，除非该用处是此类产品唯一的重要使用模式。

用户产品的"安装信息"指从对应源码的修改版本安装和运行该用户产品中包含的覆盖程序的修改版本所需要的任何方法、过程、授权密钥或其他信息。这些信息必须足以保证修改后的目标代码不会仅仅因为被修改过而不能继续运行。

如果您在本节条款下在用户产品中，或随同，或专门为了其中的使用，发布目标代码程序，而在发布过程中用户产品的所有权和使用权都永久地或在一定时期内（无论此项发布的特点如何）传递给了接收者，在本节所述的条款下发布的对应的源代码必须包含安装信息。但是如果您或者任何第三方组织都没有保留在用户产品上安装修改过的目标代码的能力（比如程序被安装在了 ROM 上），那么这项要求不会生效。

提供安装信息的要求并没有要求为接收者修改或安装过的程序，或者修改或安装该程序的用户产品，继续提供支持服务、担保或升级。当修改本身实际上相反地影响了网络的运行，或者违反了网络通信的规则和协议时，网络访问可以被拒绝。

根据本节发布的对应源代码和提供的安装信息必须以公共的文件格式发布（并附加一个该类型文档的实现方法以源码形式向公众共享），解压缩、阅读或复制这些信息不能要求任何密码。

7. 附加条款

"附加许可"是通过允许一些本授权的特例来补充本授权的条款。只要它们在使用法律下合法，对整个程序都生效的附加许可就应当被认为是本授权的内容。如果附加许可只是对本程序的一部分生效，那么该部分可以在那些许可下独立使用，但整个程序是在本授权管理下，无论附加许可如何。

当您发布覆盖程序的副本时，您可以选择删除该副本或其部分的任何附加许可。（当您修改程序时，附加许可可能要求在某些情况下将自身删除）。您可以把附加许可放在材料上，加入到您拥有或能授予版权许可的覆盖程序中。

尽管本授权在别处有提供，对于您加入到程序中的材料，您可以（如果您由该材料的版权所有者授权的话）用以下条款补充本授权：

a. 拒绝担保责任或以与本授权第 15 和 16 小节条款不同的方式限制责任；或者

b. 要求保留特定的合理法律通告，或者该材料中或包含于适当法律通告中的该程序的作者贡献；或者

c. 禁止误传该材料的来源，或者要求该材料的修改版本以合理的方式标志为与原版本不同的版本；或者

d. 限制以宣传为目的的使用该材料作者或授权人的姓名；或者

e. 降低授权级别以在商标法下使用一些商品名称、商标或服务标记；或者

f. 要求任何发布该材料（或其修改版本）的人用对接收者的责任假设合同对授权人和材料作者进行保护，避免任何这样的假设合同直接造成授权人和作者的责任。

所有其他不许可的附加条款都被认为是第 10 节中的"进一步的约束"。如果您收到的程序或者其部分，声称自己由本授权管理，并补充了进一步约束，那么您可以删

除这些约束。如果一个授权文件包含进一步约束，但是允许再次授权或者在本授权下发布，只要这样的进一步的约束在这样的再次授权或发布中无法保留下来，您就可以在覆盖程序中加入该授权文件条款管理下的材料。

如果您依据本小节向覆盖程序添加条款，您必须在相关的源码文件中加入一个应用于那些文件的附加条款的声明或者指明在哪里可以找到这些条款的通告。

附加的条款，无论是许可的还是非许可的，都可以写在一个单独的书面授权中，或者申明为例外情况；这两种方法都可以实现上述要求。

8. 终止授权

您只有在本授权的明确授权下才能传播或修改覆盖程序。任何其他的传播或修改覆盖程序的尝试都是非法的，并将自动终止您在本授权下获取的权利（包括依据第11节第三段条款授予的任何专利授权）。

然而，如果您停止违反本授权，那么您从某个特定版权所有者处获取的授权许可能够以以下方式恢复：（a）您可以暂时地拥有授权，直到版权所有者明确地终止您的授权；（b）如果在您停止违反本授权后的60天内，版权所有者没有以某种合理的方式告知您的违背行为，那么您可以永久地获取该授权。

进一步地，如果某个版权所有者以某种合理的方式告知您违反本授权的行为，而这是您第一次收到来自该版权所有者的违反本授权的通知（对任何软件），并且在收到通知后30天内修正了违反行为，那么您从该版权所有者处获取的授权将永久地恢复。

当您的授权在本节条款下被终止时，那些从您那里获取授权的组织只要保持不违反本授权协议，其授权就不会被终止。您只有在授权被版权所有者恢复了之后才有资格依据第10节的条款获取该材料的新的授权。

9.获取副本不需要接受本授权

您不需要为了接收或运行本程序的副本而接受本授权协议。仅仅是因为点对点传输获取副本引起传播行为，也不要求您接受本授权协议。然而，除了本授权外，任何授权协议都不能授予您传播或修改覆盖程序的许可。因此，如果您修改或者传播了本程序的副本，那么您就默认地接受了本授权。

10.下游接收者的自动授权

每次您发布覆盖程序，接收者都自动获得一份来自原授权人的依照本授权协议运行、修改和传播该程序的授权。依据本授权，您不为执行任何第三方组织的要求负责。

"实体事务"指转移一个组织的控制权或全部资产，或者拆分组织，或者合并组织的事务。如果覆盖程序的传播是实体事务造成的，该事务中每一个接收本程序副本的组织都将获取一份其前身拥有的或者能够依据前面的条款提供的任何授权，以及从其前身获取程序对应的源代码的权利，如果前身拥有或以合理的努力能够获取这些源代码的话。

您不可以对从本授权协议获取或确认的权利的执行强加任何约束。比如，您不可以要求授权费用、版税要求或对从本授权获取的权利的执行收取任何费用。您不可以发起诉讼（包括联合诉讼和反诉）声称由于制作、使用、销售、批发或者引进本程序或其任何一部分而侵犯了任何专利权。

11．专利权

"贡献者"是在本授权下授予本程序或者本程序所基于的程序的使用权的版权所有者。这样的程序被称为贡献者的"贡献者版本"。

一个贡献者的"实质的专利申明"是该贡献者所占有和控制的全部专利，无论已经获得的还是在将来获得的，那些可能受到某种方式侵犯的专利权。本授权允许制作、使用和销售其贡献者版本，但不包括那些只会由于对贡献者版本进一步的修改而受到侵犯的专利的申明。为此，"控制"一词包括以同本授权要求一致的方式给予从属授权的权利。

每个贡献者在该贡献者的实质的专利申明下授予您非独家的，全世界的，不需要版税的专利授权，允许您制作、使用、销售、批发、进口以及运行、修改和传播其贡献者版本内容。

在以下三个自然段中，"专利授权"指任何形式表达的不执行专利权的协议或承诺（例如使用专利权的口头许可，或者不为侵犯专利而起诉的契约）。向一个组织授予专利授权，指做出这样的不向该组织提出强制执行专利权的承诺。

如果您在自己明确知道的情况下发布基于某个专利授权的覆盖程序，而这个程序的对应的源代码并不能在本授权条款下通过网络服务器或其他有效途径免费地向公众提供访问，您必须做到：（1）使对应的源代码按照上述方法可访问；或者（2）放弃从该程序的专利授权获取任何利益；或者（3）以某种与本授权要求一致的方法使该专利授权延伸到下游的接收者。"在自己明确知道的情况下"，指您明确地知道除了获取专利授权外，在某个国家您传播覆盖程序的行为，或者接收者使用覆盖程序的行为，会由于该专利授权而侵犯一个或多个在该国可确认的专利权，而这些专利权您有足够的理由相信它们是有效的。

在依照或者涉及某一次事务或安排时，如果您通过获取发布或传播覆盖程序的传输版本，并给予接收该覆盖程序的某些组织专利授权，允许他们使用、传播、修改或者发布该覆盖程序的特殊版本，那么您赋予这些组织的专利授权将自动延伸到所有该覆盖程序及基于该程序的作品的接收者。

一份专利授权是"有偏见的"，如果它没有在自身所覆盖的范围内包含，禁止行使，或者要求不执行一个或多个本授权下明确认可的权利。以下情况，您不可以发布一个覆盖程序：如果您与软件发布行业的第三方组织有协议，而该协议要求您根据该程序的发布情况向该组织付费，同时该组织在你们的协议中赋予任何从您那里获得覆盖软件的组织一份有偏见的专利授权，要么（a）连同您所发布的副本（或者从这些副本制作的副本）；要么（b）主要为了并连同某个的产品或者包含该覆盖程序的联合体。如果您签署该协议或获得该专利授权的日期早于 2007 年 3 月 28 日，那么您不受本条款约束。

本授权的任何部分不会被解释为拒绝或者限制任何暗含的授权或其他在适用专利权法下保护您的专利不受侵犯的措施。

12．不要放弃别人的自由

如果您遇到了与本授权相矛盾的情况（无论是法庭判决、合同或者其他情况），它们不能使您免去本授权的要求。如果您不能同时按照本授权中的义务和其他相关义务来发布覆盖程序，那么您将不能发布它们。比如，如果您接受了要求您向从您这里获取本程序的人收取版税的条款，您唯一能够同时满足本授权和那些条款的方法是完全不要发布本程序。

13．和 GNU Affero 通用公共授权一起使用

尽管本协议有其他防备条款，您有权把任何覆盖程序和基于第三版 GNU Affero 通用公共授权的程序链接起来，并且发布该联合程序。本授权的条款仍然对您的覆盖程序有效，但是 GNU Affero 通用公共授权第 13 节关于通过网络交互的要求会对整个联合体有效。

14．本授权的修订版

自由软件基金会有时候可能会发布 GNU 通用软件授权的修订版本和/或新版本。这样的新版本将会和现行版本保持精神上的一致性，但是可能会在细节上有所不同，以处理新的问题和情况。

每个版本都有一个单独的版本号。如果本程序指出了应用于本程序的一个特定的 GNU 通用公共授权版本号"以及后续版本"，您将拥有选择该版本或任何由自由软件基金会发布的后续版本中的条款和条件的权利。如果本程序没有指定特定的 GNU 通用公共授权版本号，那么您可以选择任何自由软件基金会已发布的版本。

如果本程序指出某个代理可以决定将来的 GNU 通用公共授权是否可以应用于本程序，那么该代理的接受任何版本的公开称述都是您选择该版本应用于本程序的永久认可。

后续的授权版本可能会赋予您额外的或者不同的许可。但是，您对后续版本的选择不会对任何作者和版权所有者强加任何义务。

15．免责申明

在适用法律许可下，本授权不对本程序承担任何担保责任。除非是书面申明，否则版权所有者和/或提供本程序的第三方组织，"照旧"不承担任何形式的担保责任，无论是承诺的还是暗含的，包括但不限于就适售性和为某个特殊目的的适用性的默认担保责任。有关本程序质量与效能的全部风险均由您承担。如本程序被证明有瑕疵，您应承担所有必要的服务、修复或更正的费用。

16．责任范围

除非受适用法律要求或者书面同意，任何版权所有者，或任何依前述方式修改和/或发布本程序者，对于您因为使用或不能使用本程序所造成的一般性、特殊性、意外性或间接性损失，不负任何责任（包括但不限于，资料损失、资料执行不精确，或应由您或第三人承担的损失，或本程序无法与其他程序运作等），即便该版权所有者或其他组织已经被告知程序有此类损失的可能性也是如此。

17．第 15 和 16 节的解释

如果上述免责申明和责任范围不能按照地方法律条款获得法律效力，复审法庭应

该采用最接近于完全放弃关于本程序的民事责任的法律，除非随同本程序的责任担保或责任假设合同是收费的。

-条款和条件结束-

如何在您的新程序中应用这些条款？

如果您开发了一个新程序，并且希望能够让它尽可能地被大众使用，达成此目的的最好方式就是让它成为自由软件。任何人都能够依据这些条款对该软件再次发布和修改。

为了做到这一点，请将以下声明附加到程序上。最安全的作法，是将声明放在每份源码文件的起始处，以有效传达无担保责任的信息；且每份文件至少应有「版权」行以及本份声明全文所在位置的提示。

<用一行描述程序的名称与其用途简述>
版权所有(C) <年份><作者姓名>
本程序为自由软件；您可依据自由软件基金会所发表的 GNU 通用公共授权条款，对本程序再次发布和/或修改；无论您依据的是本授权的第三版，或（您可选的）任一日后发行的版本。

本程序是基于使用目的而加以发布，然而不负任何担保责任；亦无对适售性或特定目的适用性提供所谓的默示性担保。详情请参照 GNU 通用公共授权。

您应已收到附随于本程序的 GNU 通用公共授权的副本；如果没有，请参照
<http://www.gnu.org/licenses/>.
同时附上如何以电子及书面信件与您联系的资料。

如果程序进行终端交互方式运作，请在交互式模式开始时，输出以下提示：
<程序> 版权所有(C) <年份> <作者姓名>
本程序不负任何担保责任，欲知详情请键入'show w'。

这是一个自由软件，欢迎您在特定条件下再发布本程序；欲知详情请键入'show c'。

所假设的指令'show w'与'show c'应显示通用公共授权的相对应条款。当然，您可以使用'show w'与'show c'以外的指令名称；对于图形用户界面，您可以用"关于"项代为实现此功能。

如有需要，您还应该取得您的雇主（若您的工作为程序设计师）或学校就本程序所签署的"版权放弃承诺书"。欲知这方面的详情，以及如何应用和遵守 GNU 通用公共授权，请参考
<http://www.gnu.org/licenses/>
GNU 通用公共授权并不允许您将本程序合并到私有的程序中。若您的程序是一个子程序库，您可能认为允许私有的应用程序链接该库会更有用。如果这是您所想做的，请使用 GNU 松弛通用公共授权代替本授权。但这样做之前，请阅读
http://www.gnu.org/philosophy/why-not-lgpl.html

附录 C　Linux 课程上机实验

实验一　**Linux** 命令行操作

一、Linux 机器登录系统的方法：

机器启动后选择 Linux，在登录界面输入用户名 student，不用密码，即可登录系统。选择系统工具一终端来运行一个终端窗口，就能够联系我们讲的 shell 命令。

二、关机的方法

关机时必须通过关机菜单让机器自动关闭，否则会使系统产生问题。

三、练习的内容

1. 在终端窗口中，练习使用 mkdir、cp、ls、rm、mv、chmod 等命令，并使用 man 来详细察看 ls、cp、rm 的各种选项。
2. 通过 vimtutor 命令学习如何使用 vim，并编辑一个文件。
3. 研究 shell 环境变量和 shell 的一些特性。

实验二　**c** 语言编程环境

1. 预习 c 语言编程环境和调试环境。
2. 建立一个新目录。并且在该目录下：
   a) 编辑一个 c 语言程序。
   b) 用 gcc 编译成可执行程序。
   c) 编写 make 文件，用 make 编译。
   d) 用 gcc 的-ggdb 选项编译可符号调试程序，学习用调试程序 ddd 来调试。先通过手册页学习 ddd 命令（这步可选做）。

实验三　使用 **GDB** 进行程序调试

1. 编写一个 c 语言程序，实现把输入的字符串倒序的操作。
2. 编译并排除语法错误。
3. 使用 gdb 调试这个程序。
4. 研究 gdb 程序的用法。使用 dgb 调试程序，就像使用 debug 一样。首先编译要用适当的选项，gcc –o file –ggdb file.c 才能生成能够用 dgb 调试的程序，否则调试不能产生行号。可以用命令行参数指定调试的程序：gdb file，启动后也可以用 file 命令重新调入程序：file filename。经常用到的命令有：list、break、next、step、c、quit。下面简单解释一下：不带参数的 list 命令显示目前位置上下 10 行代码，带一个参数则可以是行号或函数名，显示相关行附近 10 行代码。如果两个参数，则应该是两个行号，表示显示这两行间的代码。break 命令设置断点，参数为行号或函数名，程序执行到断点处便停止等待命令。next 和 step 都是单步执行，区别是 step 执行到函数内部，而 next 不会。c 命令是在断点后重新执行。quit 命令退出 gdb 程序。以上是简单的说明，详细情况参看有关手册。

实验四 普通文件和目录操作

1. 编写程序 mycp.c，实现从命令行读入文件的复制功能，用原始文件系统调用。
2. 编写程序 mycat.c，实现文件内容的显示，用原始文件系统调用实现。
3. 用流文件系统函数重新编写上面的程序。
4. 调用目录函数，编写程序 myls.c，实现按下面格式显示当前目录文件列表：

文件名　文件大小　文件创建时间

注意研究文件创建时间的转换，注意研究 asctime（）函数和 ctime（）函数的用法。

实验五 声卡实验

1. 编写一个录音程序，以 5kHz 采样率和单声道采集一小段声音信号，并存储到文件中，不用压缩。
2. 把上面的程序中采集的文件数据播放出来，评价其音质。
3. 编写一个信号发生器程序，生成音频范围内的制定频率的正弦波。有条件的用示波器观察产生的波形。

实验六 串行口实验

1. 编写程序 send.c，实现打开文件，读取文件内容，并通过串口发送出去的功能。串口采用 9600 波特率，没有校验位，8 个数据位，一个停止位的格式。
2. 编写程序 receive.c 程序，把从串口接收到的字节流作为接收到的文件存储到磁盘上。串口的数据格式同上。正确设置超时，通过一段时间没有接受到数据作为接收结束的标准。
3. 用串行电缆连接两台计算机，使用上面的程序，实现两台计算机之间文件的传输。

实验七 管道实验

1. 完成下面的程序：从终端输入读取一个命令，然后用 popen 函数执行，主进程接收子进程的输出，首先打印子进程的进程号，然后打印接收到的子进程的所有输出。
2. 上面的程序功能用 pipe（）函数和 exec（）函数实现。

实验八 命名管道实验

1. 研究 mkfifo 命令，在当前目录下创建一个 myfifo 的命名管道。
2. 用 mkfifo（）函数实现相同的功能。
3. 编写一个服务器程序 server.c，实现从管道 myfifo 中读取内容，并在终端中显示出来。打开一个命令行终端，运行 server，然后打开另一个命令行终端，使用"cp 文件 1 myfifo"命令把文件 1 的内容输出到 myfifo，测试 server.c 的功能。
4. 编写客户机程序，实现把指定文件输出到 myfifo 的功能，从而实现和服务器程序的通信。测试该程序的功能。

实验九 信号实验

1. 研究 kill 命令，掌握通过 kill 命令发送信号的方法。
2. 编写程序，通过定义信号处理函数来截获 user 消息。在消息处理函数中，设置标志变量，而主程序中通过系统调用 pause（）等待消息，如果消息是 user，则在终端窗口上显示信息。打开命令行窗口，运行这个程序。
3. 打开另一个命令行窗口，通过 ps 命令获得 2 中程序的进程号，用 kill 命令给该进程发送 user 消息，观察其输出。
4. 编写程序，通过 kill（）函数发送相同的消息，观察输出。

实验十 域名解析实验

1. 研究 nslookup 命令的用法，并通过该命令获得常用的著名网络服务器的 ip 地址。
2. 编写程序，从命令行读入任意域名，解析出相关的 ip 指针和别名等，并和上面的结果进行比较。
3. 编写程序，进行 ip 地址和域名的反向解析。

实验十一 UDP 时间服务获取

1. 事先到国家授时中心网站 http://www.ntsc.ac.cn/introd/introd6.asp 研究授时服务的格式和协议。
2. 编写获取该服务器时间的程序。
3. 如果考虑网络传输时间，则该程序应如何修正？请编程实现。

实验十二 网络服务器和客户机

1. 编写一个网络服务器程序 server.c，实现打开 TCP 端口 5000，并监听该端口，如果有连接发生，接收每一行输入，并加入"you said:"字符串后原样输出。打开一个终端窗口，运行该程序。
2. 用 telnet 程序测试。从新打开另一个终端窗口，用 telnet 程序连接该服务器，通过观察输入和输出验证服务器程序的功能。
3. 编写一个 term.c 程序，实现上面类似 telnet 程序的功能。

实验十三 通过 glade 实现图形界面程序设计

1. 编写一个编译 glade 程序的 make 文件。
2. 考察计算器程序的编写方法，完成一个最终版的功能完善的计算器程序。界面通过 glade 设计实现。
3. 把实验十一中的程序加上图形界面，成为一个网络时钟程序。

插图、表格和示例程序目录

插图目录：

表格目录：

程序代码：

参考书目：

1. GNU C 库技术手册，Richard M. Stallman 等，北京，机械工业出版社，2004 年 8 月。
2. UNIX 教程，孟金昌等编著，北京，电子工业出版社，2000 年 4 月。
3. Linux 编程白皮书，David A. Rusling 等著，朱珂等译，北京，机械工业出版社，2000 年 4 月。
4. 嵌入式 Linux 设计与应用，邹思轶主编，北京，清华大学出版社，2002 年 2 月。
5. Linux 编程权威指南，Matt Welsh & Lar Kaufman 著，北京，中国电力出版社，2000 年 2 月。